Rishabh Garg

Identidades de Soberania Própria

Rishabh Garg

Identidades de Soberania Própria

Alavancagem da Cadeia de Alavancagem de Identidade Digital

ScienciaScripts

Imprint

Any brand names and product names mentioned in this book are subject to trademark, brand or patent protection and are trademarks or registered trademarks of their respective holders. The use of brand names, product names, common names, trade names, product descriptions etc. even without a particular marking in this work is in no way to be construed to mean that such names may be regarded as unrestricted in respect of trademark and brand protection legislation and could thus be used by anyone.

Cover image: www.ingimage.com

This book is a translation from the original published under ISBN 978-620-3-92884-6.

Publisher:
Sciencia Scripts
is a trademark of
Dodo Books Indian Ocean Ltd., member of the OmniScriptum S.R.L Publishing group
str. A.Russo 15, of. 61, Chisinau-2068, Republic of Moldova Europe
Printed at: see last page
ISBN: 978-620-4-05331-8

Prefácio .....

A documentação concisa, as despesas não solicitadas, o envolvimento indevido de intermediários e os freqüentes hacks de dados são alguns dos principais bloqueios que privam milhões de indivíduos de ter uma identidade oficial na Índia. O presente livro visa introduzir um cartão de identidade com tudo incluído para garantir uma mudança organizada e sustentável em todos os níveis e esferas da vida.

A idéia atual da identificação com tudo incluído foi idealizada em 2016 e inicialmente foi chamada de Rastreador de Informações Genéricas [Dainik Bhaskar, 2016]. A idéia discutida pelo autor, com o **Primeiro Ministro da Índia** durante a Função Jubilar Platina do CSIR, em Vijnana Bhawan New Delhi, recebeu elogios dele e encontrou expressão na "Visão Índia 2020".

Depois de trabalhar nas complexidades, a inovação foi apresentada no India International Science Fest, entre cientistas, magnatas corporativos e formuladores de políticas. O Ministério de Ciência e Tecnologia; Earth Science & Vijnana Bharti felicita o autor com o Prêmio Young Scientist [Times of India, 2016].

Para tornar o título mais explícito, o protótipo foi renomeado como Digital ID with Electronic Surveillance System [CSIR, 2017; Dainik Jagran, 2017]. A Fundação Nacional de Inovação, Departamento de Ciência e Tecnologia, Governo da Índia registou o projecto inventivo [NIF, 2018]. O autor foi agraciado com o Prémio Nacional de Inovação, 2017 pelo **Presidente Hon'ble da Índia**, Sr. Ram Nath Kovind em Rashtrapati Bhawan, Nova Deli.

Durante os últimos três anos, o autor deliberou sobre a viabilidade, benefícios e preocupações de privacidade de um único modelo de identidade contra vários documentos de identidade. Tendo examinado as questões de segurança relacionadas com um banco de dados centralizado, vários modelos de identidade digital foram estudados à luz da proteção de dados, descentralização, imutabilidade, revogação, responsabilidade, auditabilidade, velocidade e controle dos usuários sobre as informações pessoalmente identificáveis. Finalmente, a cadeia de bloqueios pareceu ser a solução mais promissora, abordando quase todas as questões que afetam a identidade digital e a gestão de acesso.

Neste livro, foi feita uma visão abrangente das identidades físicas, bem como digitais. Enquanto discutia as formas físicas ou em papel da identidade, o autor tentou sondar os benefícios e armadilhas de Aadhaar - um projeto multimilionário de biometria que permitiu a UID do Governo da Índia. Levando em conta os modelos central, federado e auto-soberano de identidade digital, o modelo auto-soberano foi proposto para identificação e gestão de acesso, alavancando a tecnologia de cadeias de bloqueio. Nos capítulos seguintes, a arquitetura da cadeia de bloqueio e suas características-chave foram discutidas em detalhes. Finalmente, o mecanismo de funcionamento da cadeia de bloqueio permitiu a gestão da identificação, os procedimentos transacionais, a irreversibilidade, a persistência, as aplicações e os desafios, que provavelmente virão no futuro, foram explicados.

Abstrato

Na Índia, os residentes têm várias formas de identidade, cada uma com um propósito explícito. Uma identidade válida é crucial para obter admissão nas escolas, candidatar-se a empregos, obter um passaporte ou ter acesso ao sistema financeiro existente.

A fim de fornecer uma identidade oficial a cada cidadão da Índia, o Departamento de Tecnologia da Informação tinha proposto uma idéia de biometria permitiu um número de identificação único (UID). O projeto UID, destinado principalmente a capacitar os pobres e migrantes com uma única identidade, registrou 1.237.748.699 usuários, após um gasto de INR 11.981,48 crore no projeto até a data [UIDAI, 2020].

A ideia de Aadhaar foi vista como uma oportunidade para fornecer uma identificação aos residentes que anteriormente não tinham uma ou que não tinham uma identificação individual. Esperava-se que a UID retratasse uma imagem mais precisa dos residentes indianos e permitisse seu acesso sem problemas aos esquemas do governo e aos serviços públicos, mas a realidade do terreno tem estado longe de tais reivindicações. Em primeiro lugar, a estrutura tecnológica para um banco de dados tão grande não está disponível no país; e, em segundo lugar, a burocracia indiana não é tecnicamente inteligente para lidar com dados tão grandes com questões crescentes de privacidade e segurança de dados na Índia.

Atualmente, o sistema preserva as informações pessoalmente identificáveis (PII) de milhões de usuários em uma base de dados governamental centralizada, suportada por alguns softwares legados, com inúmeros SPOF (single points of failures). Tal sistema centralizado, contendo PII, atua como um pote de mel para os hackers.

Num país onde 60% dos cidadãos vulneráveis, não tendo uma identidade ou conta bancária, mas possuindo um telefone inteligente, ecoa a possibilidade de uma solução de identidade digital baseada em telemóvel. Embora o sistema de identidade digital já esteja na moda, a experiência do utilizador, com o sistema actual, é altamente fragmentada. Hoje em dia, um utilizador tem de fazer malabarismos com várias identidades associadas ao seu nome de utilizador em diferentes websites. Não há uma forma consistente ou homogênea de usar os dados gerados por uma plataforma na outra.

A experiência mais ameaçadora e frustrante é que uma identidade digital surge organicamente a partir das informações pessoais disponíveis na web ou dos dados de sombra criados pelas atividades online de um usuário, no dia a dia. As frágeis ligações entre identidades digitais e offline tornam relativamente fácil a criação de perfis pseudónimos e identidades falsas, para perpetração de fraudes.

Devido à crescente sofisticação dos smartphones, avanços na criptografia e o advento da tecnologia de cadeias de bloqueio, um novo sistema de gerenciamento de identidade pode ser construído sobre o conceito de identificadores descentralizados (DIDs), introduzindo um novo subconjunto de identidades descentralizadas conhecido como identidade auto-soberana (SSI).

Ao utilizar a tecnologia blockchain, tanto os cidadãos como as organizações podem estar seguros sobre a segurança e protecção de dados. As tecnologias de ledger distribuído (DLT), sendo a cadeia de blocos o exemplo mais conhecido, garantem que as informações nunca sejam mantidas em um único repositório; ao contrário, são gerenciadas com segurança em bancos de dados descentralizados. Os consumidores também podem compartilhar suas informações com o provedor de serviços sem o risco de serem expostos publicamente.

Outra forte vantagem da identidade digital é a sua capacidade de agilizar os processos administrativos, aumentando assim a produtividade dos departamentos ou serviços. O ecossistema da identidade digital pode funcionar perfeitamente em todo o sector educacional, saúde, organizações financial, telecomunicações, serviços governamentais e outros. O ecossistema pode funcionar em nível global, para conectar diferentes provedores de serviços, em vários países, através do uso de DLT. As organizações podem minimizar o tempo gasto em tarefas tediosas que incluem chamadas de atendimento ao cliente ou entrada de dados dos formulários de solicitação enviados pelos cidadãos [Garg, 2020].

Assim, uma plataforma de identidade digital ajudaria os clientes, permitindo-lhes poupar tempo ao acederem ou fornecerem os seus dados e registos pessoais. Em vez da presença física, para produzir uma forma física de identificação, os consumidores poderiam receber uma identificação digital através de um dispositivo pessoal, como seu

Smartphone, que pode ser compartilhado com serviços de forma conveniente e segura através de um DLT.

Índice

1 | Introdução

Na Índia, não existe um único sistema de identificação nacional universalmente aceite. Muitos indianos residentes até a data, têm várias formas de documentos de identidade, para diferentes fins, como o EPIC para fins eleitorais, um cartão de racionamento para acesso ao sistema de distribuição pública, um cartão de número de conta permanente (PAN) para registro fiscal, uma carteira de motorista na estrada e um passaporte para viajar ao exterior. Antes do projecto UID, estes documentos de identificação, em uso, eram basicamente derivados dos serviços oferecidos por várias agências como, por exemplo, a EPIC, emitida pela Comissão Eleitoral da Índia.

A Cédula de Identidade com Foto do Eleitor (popularmente conhecida como identificação do eleitor ou EPIC), foi implementada no ano de 1993, para trazer transparência ao processo eleitoral e permitir a identificação do eleitor no dia das eleições. Até agora, mais de 450 milhões de eleitores possuem cartões de identidade eleitoral em todo o país.

O EPIC também atua como prova de identidade e de endereço para abrir uma conta bancária; buscar uma nova conexão de gás; fazer uma reserva online para viagens; e reservar um alojamento. No entanto, não poderia tornar-se uma identificação nacional para todos os fins devido a operações limitadas.

1.1 - Identificações em Existência

A partir de agora, um grande número de documentos de identidade está operacional para transitar e receber benefícios do governo, em vez de qualquer identidade nacional:

- Passaporte Indiano
- Passaporte Ultramarino
- Cédula de Identidade Eleitoral (EPIC) - Identificação do eleitor, emitida pela ECI
- Cidadania Ultramarina da Índia (OCI)
- Cartão de Pessoa de Origem Indiana (PIOC)

- Número de Conta Permanente (Cartão PAN, emitido pelo Departamento de Imposto de Renda

- Carta de Condução na Índia, emitida pelos Estados Unidos da América

- Ration Card, emitido pelo Município / Governo da Índia

- Certificado de Identidade para Não-Cidadãos ou Apátridas

- Certidão de Nascimento, emitida pelo Registro de Nascimentos e Óbitos (RBD)

- Transferência/Certificado de Saída/Escola/Matriculação

- Cartão de Identidade de Serviço, emitido pelo Estado / Governo Central, Empresas do Sector Público, Organismos Locais ou Sociedades Anónimas

- Cópia de um extracto do registo de serviço do requerente (apenas em relação aos funcionários públicos) ou da ordem de pagamento da pensão (em relação aos funcionários públicos reformados), devidamente atestado/certificado pelo funcionário/carga da Administração do Ministério/Departamento em questão

- Apólice Obrigatória, emitida por Empresas/Empresas Públicas de Seguros de Vida

- Certificados de Casta Programada/Outros Certificados de Classe Atrasada

- Cartões de Identidade Freedom Fighter

- Licenças de armas

- Documentos de propriedade, tais como escrituras registradas, Pattas, etc.

- Cartões de Identidade Ferroviária

- Cartões de Identidade de Estudante, emitidos por Instituições Educativas Reconhecidas em relação aos cursos a tempo inteiro

- Conta de Ligação de Gás

- Caderneta Bancária / Kisan / Caderneta Postal

- Cartão de Crédito Fotográfico

- Cartão fotográfico do pensionista

- Certificado de identificação com foto, emitido por Gazetted Officer ou Tehsildar

- Identidade Única de Deficiência (UDID) / Certificado Médico de Deficiência, emitido pelo respectivo Estado / UT

- Certidão de Casamento, emitida pela Conservatória

- Notificação de Gazeta

- Certificado de Mudança de Nome Jurídico

Da lista, é bastante evidente que existem mais de 30 documentos, identificações, certificados e licenças. Em cada nível, é preciso obter uma série de documentos, alguns dos quais necessitam de renovação, periodicamente. Para obter esses documentos, um cidadão se depara com longas filas, procedimentos demorados, formalidades em massa, intervenção de procuradores e agentes.

Mesmo, durante o processo on-line, cada site eletrônico gera e requer um novo ID e senha. É assim que, em vez de simplificar, estes documentos e processos online tornaram a vida mais complexa. Os funcionários do governo ficam sobrecarregados com pedidos de Aadhaar, Licenças, Samagra-ID, Ration Card, EPIC, Passaporte, Cadernos Bancários, ATMs, Registro de Veículos, Registros, Relatórios, e assim por diante.

A verificação destes documentos, em cada nível, é outro exercício enfadonho. Um índio médio tem que levar pelo menos 3-5 documentos diferentes para provar a sua identidade. A limitação dos documentos de identidade existentes, é que eles servem apenas para fins diferentes e limitados. Portanto, os cidadãos frequentemente apresentam provas de identidade com mais informações pessoais do que aquelas realmente necessárias para o serviço em questão. Organizações governamentais e instituições financial estabelecem a identidade de uma pessoa através do exame de vários registros e histórico pessoal. No entanto, serve o propósito do identification, mas ao submeter tal documento, o cidadão compartilha a organização com informações pessoais desnecessárias.

Ao mesmo tempo, pode haver uma falta de semelhança no perfil do cidadão entre diferentes repositórios de dados, o que causa incoerência e recorrência.

1.2 - Busca de identidade nacional

A identificação nacional já criou um enorme impacto em alguns países. A Estónia tem o sistema de identificação nacional mais avançado do planeta, substituindo documentos de viagem, fichas médicas e conta bancária [e-Estonia.com].

Singapura é outro país que segue um sistema de Identidade Digital Nacional (NDI). A partir de 2020, o NDI deveria funcionar em conjunto com o SingPass - a gestão de contas online de Singapura, através do telemóvel do cidadão, para aceder a centenas de serviços governamentais digitais [Open Access Government, 2020].

A necessidade de uma única identificação nacional para um país grande, como a Índia, torna-se mais crucial do que para os muitos outros países que já adotaram ou pretendem adotar tal sistema. A prestação de múltiplos serviços a uma grande população por organizações governamentais e privadas é uma tarefa gigantesca e está repleta de obstáculos. Uma identificação nacional digital ajudaria a melhorar os serviços bancários, os serviços de investimento, as instalações de saúde e os diferentes esquemas de distribuição pública oferecidos pelo governo. Uma identidade digital reforçará a segurança nacional e social dos cidadãos e servirá como um instrumento para que os cidadãos tenham acesso a múltiplos serviços governamentais e privados. [i-Government Bureau, 2009].

A introdução de uma Identificação Nacional Digital iria entregar o controlo dos dados pessoais aos cidadãos. Ao compartilhar uma quantidade ótima de dados pessoais, é possível minimizar os riscos de hacks e violações associados a dados sensíveis. De acordo com Scalar Decisions, as organizações canadenses individuais enfrentam uma média de 440 ciberataques, por organização, por ano, com três por cento de violação [Scalar, 2019]. Ao limitar-se ao modelo de identidade digital descentralizada, não haverá bancos de dados centralizados e as organizações reduziriam os custos que acompanham uma violação de dados.

A presente comunicação diz respeito a um Número Único de Identificação Digital digitalmente operativo que aproveita as vantagens da tecnologia de cadeia de blocos de última geração. O UDI composto por 16/20 dígitos deve ser fornecido a um e a todos, no momento do nascimento ou no dia do Censo. O Sistema de Identificação Digital (PFIS/Private Ledger) registraria todos os dados substantivos de um cidadão; incluindo nome do cidadão, data de nascimento, detalhes familiares, fotografia, detalhes biométricos, assinaturas, código de barras, código QR, Aadhaar, progresso educacional, realizações extra-acadêmicas, detalhes de emprego, transferências & trocas, carta de condução, registo automóvel, telemóvel, PAN, LPG, contas bancárias, activos financeiros, passivos, passaportes, vistos, viagens ao estrangeiro, registo legal e médico, recompensas, punições de tempos a tempos, em livros de contabilidade distribuídos [Garg, 2016].

Obviamente, ele substituiria todos os possíveis documentos adquiridos por um indivíduo durante a sua vida e salvaria a humanidade de contas falsas, identidade falsa e violação de dados.

2 | Modelo Centralizado

A ideia de uma Identidade Universal foi proposta pelo Departamento de Tecnologia da Informação, Governo da Índia, em 2006. Com o objectivo principal de fornecer um número de identificação biométrico único a cada residente da Índia, foi criada uma Autoridade de Identificação Única da Índia (UIDAI) sob a égide da Comissão de Planeamento e foi confiada ao Sr. Nandan Nilekani as responsabilidades como seu Chefe em Junho de 2009. O principal projeto da UIDAI, conhecido como Aadhaar, provou ser o maior Projeto de Identidade Nacional do mundo, que coleta dados biométricos e demográficos dos residentes e os armazena em um repositório eletrônico centralizado. Inicialmente, parecia ser uma oportunidade de criar uma super identidade - mais portátil, rastreável e com poucas ou nenhumas chances de ser mal utilizada ou ser vazada.

2.1 - Aadhaar como Instrumento

Na Índia, um sistema de identificação único, chamado Aadhaar, tem sido prevalecente na última década. É o maior programa de identificação biométrica do mundo, que foi lançado em 2009. Tem um número de identificação individual de 12 dígitos, emitido pela Unique Identification Authority of India (UIDAI), em nome do Governo da Índia. O Governo vê o cartão Aadhaar como uma ferramenta para uma melhor governança, pois cada número Aadhaar é único para um indivíduo e permanece válido até a morte. O seu objectivo é:

- alcançar a inclusão social com uma prestação de serviços públicos e privados mais eficiente;
- reduzir o grande número de identidades falsas e duplicadas; e
- facilitar as transferências directas de benefícios.

Aadhaar foi conceptualizada para oferecer uma identidade aos residentes que não tinham nenhuma identidade individual ou que tinham múltiplas identidades. A idéia básica era criar uma super identidade, que fosse rastreável e menos suscetível de ser mal utilizada. O governo teve a idéia de criar um sistema único de identificação biométrica que pudesse ser monitorado pela UIDAI, e que permitisse aos residentes indianos acessar e utilizar os serviços públicos.

Em 2010, a National Identification Authority of India (NIAI) foi criada com o objetivo de emitir números de identificação únicos - Aadhaar, para todos os residentes da Índia e para algumas outras classes de indivíduos. A Lei NIAI não define certas outras pessoas, mas estipula que o Governo Central pode, de tempos em tempos, notificar essa outra categoria de indivíduos, que podem receber o número Aadhaar. A informação, assim recolhida, será armazenada no Repositório Central de Dados de Identidades (CIDR) e será utilizada para fornecer serviços de autenticação.

2.2 - Características Salientadoras do Aadhaar

Algumas das principais características do projeto UID, como mencionado no esboço da UIDAI [UIDAI, 2009], são enumeradas aqui abaixo:

- O UID, um número gerado aleatoriamente, sem qualquer inteligência codificada, funcionará, para minimizar as chances de fraude. Entretanto, a UIDAI provará apenas identidade e possuir um número UID não indicará o status de cidadania.

- O processo de inscrição para o número UID será voluntário, mediante o fornecimento das informações demográficas e biométricas pelo residente.

- A UIDAI emite apenas um número para o indivíduo que pode ser impresso em um cartão como o cartão PAN ou a identificação do eleitor. Uma vez emitido um número UID para um indivíduo, ele permanecerá o mesmo até a morte.

- A UIDAI determinará os padrões do seu residente (KYR), para o processo de inscrição na UID, a fim de evitar práticas fraudulentas.

- O UIDAI formará um Repositório Central de Dados de Identidade (CIDR) para servir como provedor de serviços gerenciados e garantirá serviços essenciais como armazenamento, verificação, autenticação e alteração dos dados residentes vinculados ao UID.

- A fim de agilizar o processo de inscrição, a UIDAI planejou fazer parceria com as agências governamentais e não-governamentais existentes, em todo o país, e aproveitou sua infra-estrutura para processar a aplicação UID, conectar-se ao banco de dados do CIDR para verificação e desduplicação e, finalmente, para receber os números UID.

2.3 - Normas UID

Os dados usados na UID abrangem Dados Biométricos e Dados Demográficos [Sharma & Kumar, 2013].

a) Demográficos

UIDAI recolhe os seguintes detalhes demográficos para Aadhaar [i-Government Bureau, 2009]:

- Dados Pessoais
- Detalhes do Endereço
- Detalhes dos Pais
- Detalhes do apresentador
- Dados de contacto

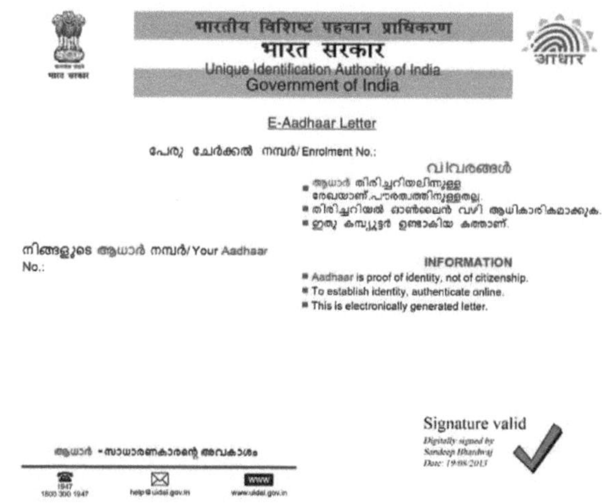

Fig - 2.1: UID (Aadhaar) - Uma Identidade baseada em dados biométricos e demográficos

b) Biometria

A UIDAI adoptou um sistema biométrico multimodal com base em três dados biométricos diferentes: (i) todas as dez impressões digitais; (ii) o varrimento da íris; e (iii) o reconhecimento facial de cada indivíduo [Li & Jain, 2011]. O sistema multimodal permite a integração de dois ou mais tipos de reconhecimento e verificação biométrica, a fim de atender a rigorosos requisitos de desempenho. Ajuda a superar as restrições impostas por um único sistema biométrico, como impressões digitais calejadas ou problemas na detecção facial devido à mudança na luz ambiente [Kant et. al., 2008].

Informação Demográfica	Nome, endereço (permanente e presente), data de nascimento/idade, sexo, número de telemóvel, endereço de e-mail, estado de relacionamento, número de UID dos pais (opcional para residentes adultos) e consentimento de partilha de informação.
Informação Biométrica	Íris, Impressões Digitais e Identidade Facial através de fotografia.

Informações Necessárias para o Registro AADHAAR [Majumdar, 2019].

c) Documentos de apoio

A fim de verificar as informações apresentadas pelos residentes, foram utilizados três métodos distintos de verificação [Dass & Bajaj, 2008]:

- Documentos de apoio
- Apresentador Pessoal
- NPR (Registo Nacional da População)

2.4 - Arquitetura UIDAI

A arquitetura da inscrição consiste em uma rede de agentes de inscrição e Agências de Inscrição. O Registrar é uma unidade, autorizada pela UIDAI, com a finalidade de inscrever indivíduos, que por sua vez, nomeia as Agências de Inscrição que são responsáveis pela coleta de informações biométricas e demográficas durante o processo de inscrição. Esta última completa a sua tarefa, envolvendo Operadores/ Supervisores certificados.

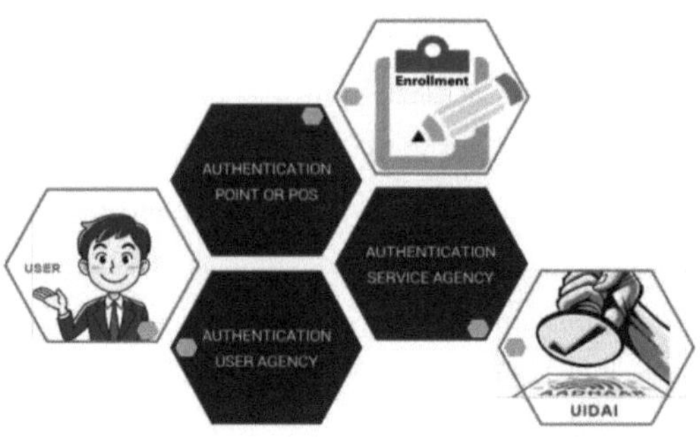

Fig - 2.2: Entidades envolvidas no Projecto UID

O Projecto de Identificação Única inclui entidades únicas como a UIDAI, a Estação de Inscrição e um Repositório Central de Dados de Identidades (CIDR), que coexistem e funcionam em estreita harmonia. A UIDAI também nomeou uma série de Agências de Serviço de Autenticação (ASAs) e Agências de Autenticação de Utilizadores (AUAs) de várias organizações governamentais e não-governamentais.

Entidades e suas funções

A breve descrição dos factores-chave e a forma como estão associados entre si foi apresentada na tabela seguinte:

ENTIDADES	FUNÇÕES
Posto de Inscrição	• Captura os detalhes demográficos e biométricos individuais para inscrição na base de dados Aadhaar.
Ponto de Autenticação ou Ponto de Venda (POS)	• Recolhe dados de identificação pessoal de portadores de Aadhaar. • Prepare as informações para transmissão e autenticação e para receber os resultados da autenticação.
Utilizador	• Inscreve-se na UIDAI e recebe o UID (número Aadhaar), emitido pela UIDAI.
Agência de Serviços de Autenticação (ASA)	• Transmite pedidos de autenticação, em nome de um ou mais AUA, conforme vínculo formal com a UIDAI.
Agência de Autenticação de Utilizadores (AUA)	• Fornece serviços de autenticação, para os usuários. • Conecta-se ao CIDR e utiliza a autenticação Aadhaar para validar usuários para habilitar serviços como PDS, NREGS, etc.

A Autoridade de Identificação Única da Índia (UIDAI)	• Fornece serviços básicos de identificação e autenticação. • Emite um UID (número Aadhaar) para cada residente. • Mantém os dados biométricos e demográficos em um Repositório Central de Dados de Identidades (CIDR). • Monitora o referido repositório (CIDR).

A UIDAI, com o propósito de autenticação instantânea dos residentes, criou um ecossistema escalável. O ecossistema de autenticação Aadhaar é capaz de lidar com autenticações multi-milionárias, no dia-a-dia (Fig. 2.3 mostra o número de autenticações realizadas durante o último ano).

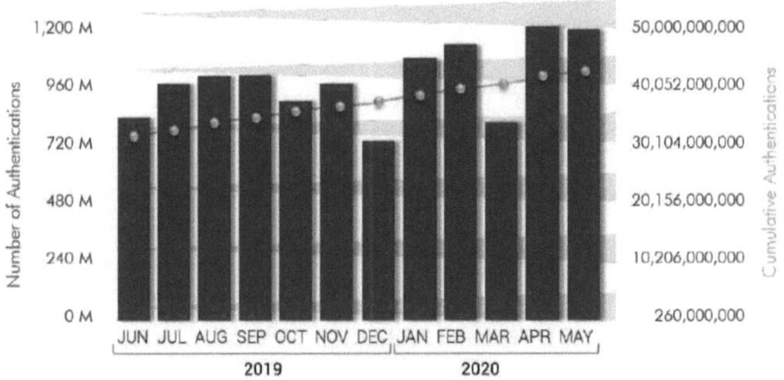

Fig - 2.3: Número de Autenticações

Como o serviço de autenticação é fornecido em tempo real, a UIDAI foi mais longe, estabelecendo dois centros de dados, um onde a autenticação é feita e outro, onde serviços online como o e-KYC são implantados em modo ativo-ativo, para garantir alta disponibilidade (a Figura 2.4 mostra o número de transações e-KYC ocorridas durante 2019-20). As instituições financeiras e os operadores de redes de pagamento incorporaram a autenticação Aadhaar nos seus microATMs, de modo a permitir a actividade bancária sem agências em todo o País, em tempo real, de forma acessível e interoperável.

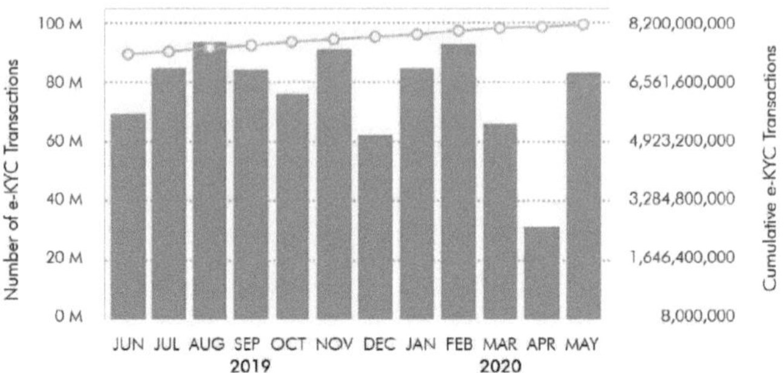

Fig - 2.4: Número de Transacções e-KYC

2.5 - Processo de Autenticação

- Após a aquisição do número Aadhaar, juntamente com os detalhes demográficos e/ou biométricos necessários e/ou um OTP do telemóvel do utilizador, o aplicativo cliente embala e encripta estes parâmetros de entrada no bloco PID instantaneamente, antes de qualquer transmissão.

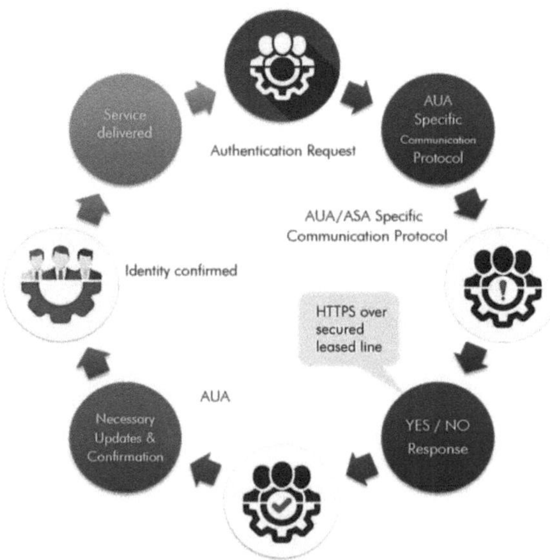

Fig - 2.5: Processo de Autenticação

- O bloco PID é encaminhado para o servidor da entidade requerente utilizando protocolos seguros, conforme normas e especificações estabelecidas.

- O servidor da entidade requerente, após validação, transmite o pedido de autenticação ao CIDR, através do servidor da ASA, de acordo com as normas e procedimentos especificados. O pedido de autenticação é assinado digitalmente pela entidade requerente, e/ou pela Agência de Serviços de Autenticação, com base no acordo mútuo feito entre elas.

- A partir daí, o CIDR, reverte uma resposta de autenticação com assinatura digital, Sim ou Não com dados e-KYC criptografados, conforme o caso, juntamente com outros detalhes técnicos, com base na solicitação de autenticação, após validar os parâmetros de entrada em relação aos dados ali armazenados.

- O número Aadhaar é obrigatório, em todos os modos de autenticação, e é submetido juntamente com os parâmetros de entrada, de modo a que a autenticação seja sempre reduzida para uma correspondência 1:1.

Os factores chave podem envolver-se uns com os outros, de muitas maneiras. Por exemplo, uma AUA poderia escolher tornar-se a sua própria ASA, ou uma AUA poderia aceder aos serviços de autenticação Aadhaar através de múltiplos ASAs por razões como o planeamento da continuidade do negócio, ou uma AUA poderia transmitir pedidos de autenticação para as suas próprias necessidades de prestação de serviços, também em nome de múltiplos SubAUA.

Um sistema biométrico adotado pela UIDAI é principalmente um sistema de reconhecimento de padrões que obtém dados biométricos de um indivíduo, depois extrai um conjunto de características dos dados adquiridos e, finalmente, compara este conjunto de características com o conjunto de modelos padrão na base de dados. Como resultado, um número aleatório, independentemente de qualquer classificação, é gerado como uma identidade única de um indivíduo. Em resposta às consultas de identificação, a UIDAI se autentica como um "Sim" ou "Não" [Patnaik & Gupta, 2010; Li & Jain, 2011].

Para estabelecer uma identidade individual, o sistema caça, todos os modelos dos usuários no banco de dados, para encontrar uma boa combinação. Portanto, o sistema realiza uma comparação um-para-seis. A identificação é um componente crítico em aplicações de reconhecimento negativo, onde o sistema estabelece se a pessoa é, quem ela nega ser. O reconhecimento negativo ajuda a evitar que uma pessoa use múltiplas identidades.

No modo de verificação, a identidade de um indivíduo é validada através da equação do seu modelo biométrico armazenado na base de dados com o dos dados biométricos capturados [Kant, 2010]. Nesse caso, uma pessoa, que precisa ser reconhecida, reivindica uma identidade, através de um número de identificação pessoal (PIN), um nome de usuário ou um cartão habilitado para IC, e o sistema realiza uma comparação um-para-um para verificar a validade da reivindicação. A verificação da identidade, normalmente denominada de reconhecimento positivo, é normalmente utilizada para evitar que mais de uma pessoa utilize a mesma identidade.

2.6 - Orçamento e despesas

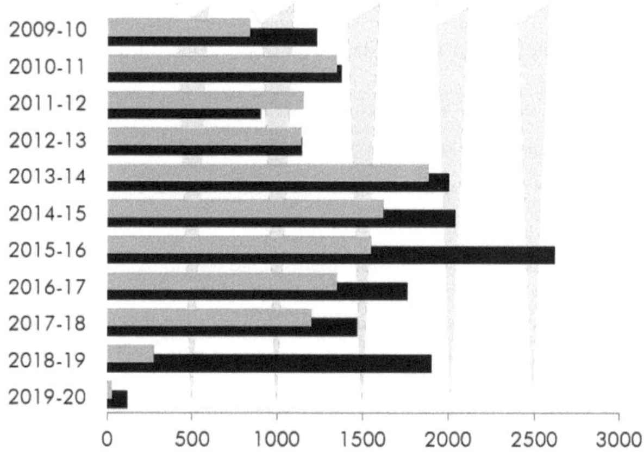

Fig - 2.6: Orçamento e despesas da UIDAI (em Crores INR)

A figura anterior (2.6) mostra a Alocação Total do Orçamento e Despesas incorridas (em crores) na UIDAI para matrícula e autenticação.

2.7 - Estado de Inscrição e Saturação

Até à data, foram inscritos no sistema 1.237.748.699 utilizadores, com um gasto total de Rs.11.981,48 crores, nos últimos 11 anos, para a emissão de números Aadhaar [Chaudhary, 2017; UIDAI 2020].

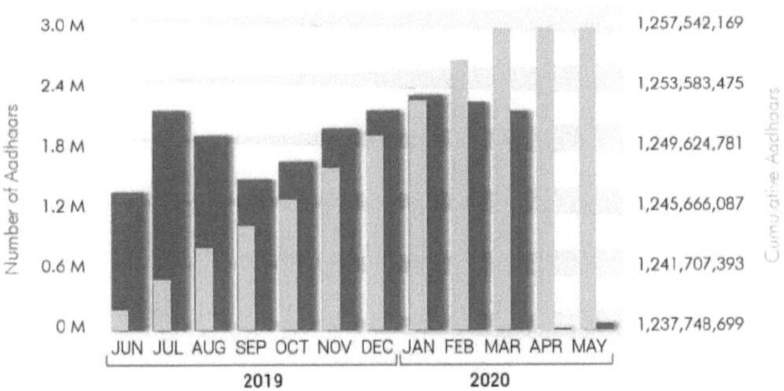

Fig - 2.7: Números de UID (Aadhaar) gerados

A figura anterior (2.7) Índia ainda não atingiu a meta de entregar o Cartão Aadhaar a todos os interessados. Até agora, apenas 1.237.748.699 cartões Aadhaar foram gerados com uma taxa de saturação global de 90,26% [UIDAI, 2020]. A taxa de saturação é o número de Aadhaar emitidos em relação à população total projetada do país, em porcentagem. Aqui, a População Total Projetada é a população que foi estimada em 2020, com base no número do censo.

Taxa de Saturação (%) = (A / B)*100

Onde, A = Número de Cartões Aadhaar emitidos,

B = População total

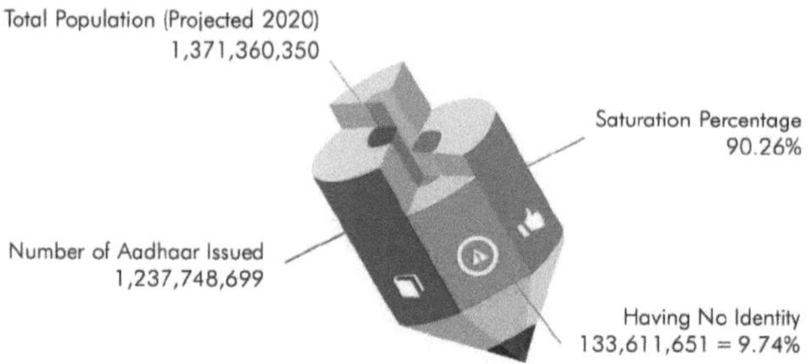

Fig - 2.8: Estado de Saturação (em %)

O quadro que emerge da taxa de saturação, como até agora, é que apesar de um gasto de ≥11.981,48 Cr INR, o governo não tem sido capaz de atingir 100% das metas num período de dez anos. Isto implica que 13,36 residentes marginalizados, que precisam urgentemente de acesso a benefícios limitados concedidos pelo Estado, ainda vivem despossuídos. Deve haver certos lapsos que precisam ser investigados mais a fundo.

3 | Questões de privacidade

Antes da promulgação da Lei Aadhaar, não havia regulamentação na Índia para o processo de coleta, manuseio, armazenamento, acesso, recuperação, divulgação e destruição de informações pessoais sensíveis por qualquer prestador de serviços [Banerjee, 2016]. Nos termos da Lei Aadhaar 2016, a UIDAI é responsável pela inscrição e autenticação de Aadhaar, incluindo a operação e gestão de todos os estágios do ciclo de vida de Aadhaar, desenvolvendo simultaneamente a política, procedimento e sistema de implementação, para a emissão de números Aadhaar para indivíduos. É também responsável pela segurança da informação, relacionada com a identidade, juntamente com a manutenção dos registos de autenticação dos indivíduos.

O governo viu Aadhaar, como uma solução primária para a maioria dos desafios da sociedade e para reformular os sistemas de entrega pública vazada, na Índia. De acordo com o esboço da UIDAI, a duplicação e a identidade falsa seriam reduzidas com a UID, pois não seria viável para um inscrito na UID, registrar com múltiplas identidades, como suas informações biométricas, seria marcado com o número da UID. Este sistema de governo, com um único banco de dados de identificação biométrica, deveria retratar uma imagem mais precisa dos residentes indianos e seu acesso ao uso dos serviços públicos, mas a realidade do terreno está longe de tais reivindicações. Tal abordagem baseada em silos resultou na perpetração de identidades forjadas que, posteriormente, trouxeram corrupção e perda de receitas.

3.1 - Procedimento de Segurança

Levanta-se uma questão, que medidas de segurança foram tomadas pelo Governo da Índia para garantir a informação privada e confidencial dos cidadãos?

A UIDAI delineou uma política de segurança abrangente que o enuncia:

- O número Aadhaar nunca deve ser utilizado como um identificador específico de um domínio.

- No caso de dispositivos assistidos por operadores, os operadores devem ser autenticados usando mecanismos de senha, autenticação Aadhaar, etc.

- Os Dados de Identidade Pessoal (PID) devem ser criptografados assim que o bloco for inicialmente capturado para a autenticação Aadhaar.

- O bloco encriptado do PID não deve ser armazenado, a menos que seja para autenticação tamponada, não excedendo 24 horas.

- Os dados biométricos ou outros dados pessoais, capturados para autenticação Aadhaar, não podem ser mantidos em nenhum dispositivo de armazenamento permanente ou base de dados.

- As respostas e metadados devem ser registrados, para fins de auditoria.

- Deve existir uma rede segura entre a AUA e a ASA.

Estas medidas têm sido eficazes para diminuir a ocorrência de violações de dados?

3.2 - **Acesso não autorizado** (Quebras de Dados)

Durante a última década, houve múltiplas ocorrências de vazamento de dados Aadhaar online, através de sites do governo. Recentemente, uma consulta do RTI levou a UIDAI a admitir que cerca de 210 sites do governo revelaram os detalhes do Aadhaar na internet. O Centro para Internet e Sociedade (CIS) também chamou a atenção para cerca de 130 milhões de números Aadhar, juntamente com outros detalhes sensíveis, disponíveis na Internet [First Post, 2020].

Três sites baseados em Gujarat também foram encontrados para divulgar os números de Aadhaar dos beneficiários em seus sites. Além disso, um website gerido pela Direcção da Segurança Social de Jharkhand também divulgou detalhes de Aadhaar de cerca de 1,6 milhões de pessoas devido a uma anomalia técnica. O problema é tão galopante que uma única busca no Google pode exibir uma quantidade colossal de dados demográficos e informações pessoais.

Um graduado do IIT foi preso por construir um aplicativo chamado Aadhaar e-KYC, ao invadir os servidores relacionados a um sistema e-Hospital, criado no âmbito da iniciativa Índia Digital. Ele supostamente acessou o banco de dados Aadhaar, pelo período de 01 de janeiro a 26 de julho de 2017, e o adquiriu sem qualquer autorização.

A UIDAI tem fechado regularmente sites e aplicativos móveis fraudulentos que afirmam prestar serviços Aadhaar aos usuários. Tendo tomado consciência de que o portal

Aadhaar podia ser acessado sem autorização, a UIDAI bloqueou o acesso ao portal a cerca de 5.000 funcionários. Não foi a primeira vez que a UIDAI colocou funcionários ou operadoras na lista negra. Em 2017, ela baniu cerca de 1.000 operadores e arquivou FIRs contra 20 indivíduos por tais práticas ilícitas. O relatório não apontou qualquer problema de segurança, mas mencionou que a cobrança por Aadhaar era ilegal.

A saga não acaba aqui, como um jornalista do The Tribune, descobriu mais uma raquete, que oferecia acesso aos dados do Aadhaar, mediante o pagamento de Rs. 500 a particulares, utilizando o WhatsApp, para chegar a potenciais compradores. O relatório indica que os agentes invadiram o website do Governo do Rajasthan para obter acesso ao software e recolheram os dados de todos os utilizadores listados pela UIDAI, incluindo nome, morada, identificação de e-mail, bem como o número de telemóvel.

Além dos típicos hackers, violando a segurança do banco de dados Aadhaar, alguns canalhas também criaram cartões Aadhaar falsos, representando uma ameaça para a UIDAI. De acordo com um relatório, uma gangue em Kanpur estava fazendo uma raquete, para gerar falsos cartões Aadhaar. A UIDAI afirmou que o sistema detectou actividades anormais e apresentou uma queixa. Foi dito que um grande esquema, para gerar os cartões falsos, foi bloqueado pelo sistema e não afetou a base de dados do sistema de processamento.

De acordo com o Breach Level Index (BLI), calculado por uma empresa de segurança digital, quase um bilhão de registros de dados foram violados na Índia, o que inclui o nome, endereço e outras informações pessoais, desde 2013. O BLI é uma base de dados global de violações de dados públicos. Expôs 945 fissuras de dados que levaram a cerca de 4,5 bilhões de registros de dados a serem roubados, perdidos ou negociados em todo o mundo durante janeiro a julho de 2018. É extremamente assustador saber que apenas 8,33% das violações foram protegidas por criptografia, para tornar as informações inúteis [Gemalto, 2020].

Ultimamente, as preocupações com a privacidade da Aadhaar atraíram a atenção do público, quando um pesquisador de segurança francês apontou falhas no aplicativo mAadhaar, disponível na Loja do Google Play. O aplicativo móvel do governo, com falhas, pode potencialmente permitir que atacantes acessem o banco de dados Aadhaar enquanto acessam os dados demográficos.

Na sequência dos relatos de violações de dados prevalecentes e da ameaça contínua aos dados online, a segurança da identidade digital surgiu, como uma das preocupações mais importantes, numa frente nacional.

3.3 - Ausência de Lei de Protecção de Dados

Ab initio, Aadhaar, era opcional e estava essencialmente ligado a poucos esquemas governamentais para o desembolso de GPL e alimentos. Era dirigido às camadas desfavorecidas da sociedade que não podiam ter conta bancária ou acesso aos serviços públicos devido à falta de identidade oficial. Ultimamente, Aadhaar tem servido como uma ferramenta, para fazer melhorias impulsionadas pelos dados no sector dos serviços.

Visão Geral da Estratégia UIDAI - um documento preparado pela Comissão de Planejamento, assegura que essa identificação facilitará o acesso de grupos vulneráveis aos serviços do governo e do setor privado. Entretanto, o projeto tem que enfrentar críticas, devido à falta de considerações voluntárias e de privacidade, que justificam uma necessidade imperativa de leis de proteção de dados na Índia.

O principal inquérito que atrapalha uma mente legal é o dogma subjacente à UID. É voluntário ou obrigatório? É sobre transparência ou rastreamento? É para adquirir informações ou dados? É sobre identidade ou identificação? A Visão Geral da Estratégia da UIDAI esclarece que o projeto é sobre identidade e é um documento de verificação de identidade de etapa única. No entanto, quando se examina a abordagem do sistema UIDAI na recolha, retenção e utilização da informação, parece óbvio que o projecto visa assegurar mais do que a identificação [Sen, 2015]. Senão, quão diferente é da Carta de Condução, Cartão PAN, Passaporte, Cartão de Ração ou Identificação do Eleitor? Todos estes documentos são formas válidas e aceitáveis de conformar a própria identidade, da mesma forma. A fim de resolver todas essas dúvidas, a conta deve ser examinada, de perto.

A Índia não tem nenhuma lei de proteção de dados, no momento e o direito à privacidade não encontra nenhuma cláusula explícita na Constituição. Contudo, a Suprema Corte derivou o direito à privacidade dos direitos mencionados nos artigos 19(1)(a) e 21 da Constituição. O direito à privacidade evoluiu ao longo dos anos e não pode ser restringido a um território ou área residencial protegida.

Além da Constituição, o único instrumento legal para proteger a privacidade é a Lei de Tecnologia da Informação, 2000; Seção 43-A que prescreve compensação, quando uma pessoa, que detém dados ou informações pessoais sensíveis em um recurso de computador, não mantém práticas de segurança razoáveis, causando perda indevida ou ganho injusto, para qualquer pessoa.

Embora o direito à privacidade possa não ser citado abertamente na Constituição, a Índia é um co-signatário de todas as principais convenções internacionais que defendem o direito à privacidade, como a Carta das Nações Unidas (1945), a Declaração Universal dos Direitos Humanos (1948) e o Pacto Internacional sobre Direitos Civis e Políticos (1966).

No meio atual, a UIDAI não pode compartilhar dados individuais sem o consentimento do indivíduo [CIS, 2014]. De acordo com as ordens provisórias, emitidas pelo Supremo Tribunal da Índia, nenhum prestador de serviços pode tornar o Aadhaar obrigatório. O governo e os vendedores privados podem tornar o acesso às informações do usuário somente em sua presença.

Apesar do veredicto do Tribunal, persiste a confusão sobre se a informação fornecida à UIDAI é voluntária ou não, uma vez que a National Identification Authority of India (NIAI) Bill se mantém em silêncio sobre esta questão. Entretanto, esclarecimentos posteriores nas respostas oficiais apontam que a natureza das informações fornecidas à agência é voluntária. Obviamente, esta voluntariedade estende-se à revelação de informações ao Registrador ou às agências de inscrição. No entanto, ainda é incerto quem terá acesso a ela, até que ponto será recuperada e quanto dessa informação será utilizada, nos outros fins. Em outros países, a privacidade da Informação é protegida por leis abrangentes de protecção de dados [US Privacy Act, 1974; UK Data Protection Act, 1998; e US - Computer Matching and Privacy Act, 1988].

Na ausência de um claro entendimento legislativo e jurídico da informação, na Índia, o projecto UIDAI precisa de ser eficazmente salvaguardado. A segurança dos dados submetidos deve ser o ônus de um órgão responsável e não ser deixado ociosamente, nas mãos do destino.

É bastante lamentável que, independentemente da intervenção do Tribunal, a questão da privacidade dos dados, na Índia, não tenha sido resolvida. Pelo contrário, o Governo fez uma alteração à Lei do Imposto de Renda para coagir a ligação do número Aadhaar ao PAN, para que as declarações de impostos sejam processadas. Se isso não for feito, também pode levar à invalidade do respectivo PAN. Estes regulamentos são uma obrigação forçada para os cidadãos de semear o seu Aadhaar a estes documentos. Uma vez que o Aadhaar transporta inerentemente muitas informações pessoais e privadas como biometria, impressões digitais, acaba por desafiar a privacidade dos dados.

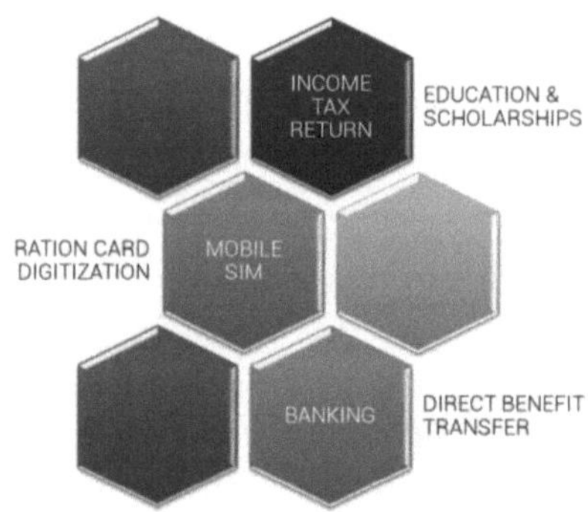

Fig - 3.1: Áreas, onde o Aadhaar é obrigatório

3.4 - Envolvimento de Jogadores Privados

Existe um receio adicional sobre o envolvimento de jogadores privados no processo Aadhaar. Uma vez que a maioria dos centros de inscrição são geridos por agências privadas, existe uma aparente ameaça à segurança. Como Aadhaar está ligado a vários serviços e subsídios governamentais, não se pode descartar a possibilidade de uso indevido, a fim de aproveitar esses serviços.

Não só isto, a questão da segurança dos dados também se aplica às empresas privadas, prestadores de serviços, instituições financeiras e outros actores privados que têm acesso à informação biométrica do utilizador. Eles preservam uma cópia do Aadhaar como condição prévia para processar e ter acesso aos seus serviços. Um site chamado 'magicapk' tinha vazado dados de clientes existentes da Reliance Jio, indicando um risco potencial para a informação privada dos cidadãos.

Aadhaar é constantemente comparado com o sistema de Número de Segurança Social (SSN) nos EUA. No entanto, as suas disposições são objectivamente diferentes das de Aadhaar. Os EUA fornecem a cada cidadão um número único (SSN) que requer uma prova de identificação. É um formato muito melhor em termos de segurança de dados; é armazenado em separado e corresponde apenas ao nome, por razões de segurança. Ao longo dos anos, o governo dos EUA tem tentado restringir o seu uso apenas a agências federais, para fins de identificação, o que contrasta com os esforços constantes do governo indiano para aumentar o seu uso. Na Índia, Aadhaar também é aplicável para fins comerciais, e tem o envolvimento de partes privadas no seu acesso aos dados, o que impõe um enorme risco de violação de dados, uma vez que não existem leis de privacidade.

Outra grande preocupação é sobre o ecossistema cibernético da UIDAI, onde a privacidade do cidadão é o mais crucial. Isto levanta dúvidas se a burocracia indiana está suficientemente equipada para gerir algo como a base de dados da UIDAI. Caso contrário, a falta de competência para lidar com dados tão grandes só facilitará aos hackers o alvo do pote de mel (sistema UID).

Até agora, tem sido uma prática capturar as informações do usuário, fornecidas a escritórios governamentais, instituições financeiras e prestadores de serviços, em torres discretas (silos). Cada Silo detém informações específicas para fins específicos, para que nenhuma instituição ou agência possa, na medida do possível, acumular dados inter-relacionados com ele. Mas no caso do Aadhaar, a UIDAI fundiu todos esses silos por conveniência e solução de um passo. O Comitê Permanente, sobre a Lei NIAI, recomendou com razão que, na ausência de medidas de segurança suficientes, com respeito à privacidade da informação, o armazenamento e compartilhamento de dados sensíveis em agências centralizadas deve ser interrompido para evitar um estado orwelliano.

3.5 - Liberdade de escolha como uma ilusão

Romer chamou o projeto UID, como o programa de identificação mais sofisticado do mundo [Rodrigues, 2017]. Nilekani também argumentou que a inscrição em Aadhaar é voluntária e os indivíduos estão concedendo permissão, para a coleta de dados, para sua própria conveniência e benefícios. Portanto, dificilmente se qualifica como uma violação do seu direito à privacidade [Nilekani, 2015].

No entanto, o argumento de Nilekani parece hipócrita porque os indivíduos tiveram realmente pouca escolha a não ser se inscreverem, se quiserem continuar a usufruir de serviços sociais e financeiros básicos [Chandrasekhar, 2015]. Também ecoava uma crença ideológica de que os indivíduos faziam escolhas custo-benefício por si mesmos e eram, depois disso, responsáveis por elas. Esta filosofia valida virtualmente todos os acordos de usuários empregados por empresas de tecnologia que direta ou indiretamente coletam dados pessoais dos usuários, como Google e Facebook [Hoofnagle & Urban, 2014]. Como resultado, indivíduos, e não governos ou corporações, tornam-se o local de decisão de privacidade em tais assuntos [Baruh & Popescu, 2017].

A invocação da chamada liberdade de escolha individual para responsabilizar os indivíduos pela sua própria privacidade nas suas relações com empresas tecnológicas e projectos de dados geridos pelo governo é, na pior das hipóteses, o melhor truque. A escolha individual é uma quimera em um meio político-econômico; o governo toma um consentimento único e continua expandindo o projeto de forma fragmentada, emitindo diretrizes relacionadas à administração e ao escopo da Aadhaar [Shahin & Zheng, 2017].

Em um país, onde 412 milhões de pessoas são analfabetas, imaginando os cidadãos para fazer tais escolhas e responsabilizando-os por sua decisão presumem que as instituições sociais e culturais que moldam o entendimento público dos serviços tecnológicos e projetos de dados, o que Sawicki e Craig [1996] chamaram de intermediários de dados, desempenharam fielmente seu papel e apresentaram os custos e benefícios aos grandes dados de uma maneira transparente.

Em geral, os grandes dados são vistos como uma maravilha tecnológica da era da informação. Os três Vs - Volume, Velocidade e Variedade, que se referem à escala sem precedentes de conjuntos de dados, às velocidades inigualáveis em que os dados são produzidos e à gama inigualável de tipos de dados [Ward & Barker, 2013] convencem um homem comum a confiar. É por isso que a NAIA imaginava que a tecnologia iria consertar tudo. Entretanto, as ameaças à privacidade não se devem à magnitude dos dados, mas às técnicas que estão surgindo para coletar, analisar e fazer uso dos dados [Andrejevic & Gates, 2014].

Atualmente, websites, redes sociais, operadoras de telecomunicações, redes de sensores, organizações governamentais, empresas de cartão de crédito e gestores de perfil público coletam informações pessoais dos usuários a partir de uma variedade de pontos de dados com ou sem o conhecimento dos usuários. Se um conjunto de dados não tem indicadores pessoais, grandes dados permitem o cruzamento de referências com outros sites para criá-los. Por exemplo, é possível combinar facilmente perfis anônimos em sites de encontros com imagens públicas no Facebook, através da técnica de reconhecimento facial [Ohms, 2010; Acquisti et. al. 2011].

Apesar do aumento sem precedentes de informação pública nas redes sociais, um grande número de utilizadores desconhece como os serviços tecnológicos comprometem a sua privacidade [Srinivasan et. al., 2018]. Aqueles, que estão conscientes, querem mais regulamentações sobre as atividades dos governos e corporações que prestam tais serviços [Hoofnagle & Urban, 2014; Elueze & Quan-Haase, 2018]. O quadro legal dentro do qual os governos e as corporações operam muitas vezes considera os próprios usuários responsáveis pela sua privacidade. Mesmo nos Estados Unidos, é obrigatório que os indivíduos avaliem as suas escolhas e assumam a responsabilidade pela decisão que tomam [Casa Branca, 2012].

O cenário de privacidade de dados da Índia segue a mesma lógica. A Lei de Tecnologia da Informação, 2000 e as Regras de TI, 2011, advertem os cidadãos sobre os dados biométricos como dados sensíveis que só devem ser compartilhados com consentimento [Roy & Kalra, 2011]. Mas o próprio consentimento é tão vago que tem pouco [Dixon, 2017] ou nenhum valor prático. Um consentimento único pode ser propenso ao uso impróprio e afetar a privacidade do indivíduo.

3.6 - Prestação de "Consentimento Único

Recomenda-se que o indivíduo seja solicitado a dar seu consentimento em cada etapa do recebimento de um serviço. O Governo deve reconhecer todas as dimensões do direito à privacidade e atender às preocupações com a segurança dos dados, proteção contra interceptação não autorizada, uso da identidade pessoal e vigilância. A privacidade deve ser tratada como um direito inalienável e não como um bem de mercado que os indivíduos podem trocar por serviços ou instalações orientadas a dados. Além disso, aqueles que prestam tais serviços - governos e corporações - devem ser responsabilizados por violações dos direitos de privacidade. O controlador dos dados deve ser responsabilizado pela recolha, processamento e utilização dos dados.

O governo deve assegurar aos cidadãos que irá impedir a divulgação e o acesso não autorizado a tais dados. Estes poderiam ser os primeiros passos para mudar a tendência governamental e corporativa de ver os dados e serviços de tecnologia como instrumentos de vigilância e um meio de expandir seu controle social.

4 | UID : Méritos e Deméritos

4.1 - Benefícios

Em um país heterogêneo e diversificado, como a Índia, onde 1,37 bilhões de pessoas estão espalhadas por 3.287.263 kms2, falam 22 línguas diferentes, seguem diferentes religiões [Nilekani, 2009]; e apenas 3/4 da população é alfabetizada, a implementação da UID foi de fato um desafio, na frente sócio-econômica, política e tecnológica.

Aadhaar começou como uma ferramenta de identificação única, com uma infra-estrutura de autenticação em sua primeira fase; evoluiu como um instrumento nas reformas do setor público, em sua segunda fase; e transformou-se em uma ferramenta para e-KYC e transferência direta de benefícios, na terceira fase [Prasad, 2019]. Nos dois primeiros anos, economizou para o erário público, uma soma de Rs. 36.144 crores, em alguns poucos esquemas de previdência.

Aadhaar, com uma identificação portátil, capacitou os setores excluídos e desfavorecidos da sociedade, como migrantes, transgêneros e tribais. A trindade JAM (Jan Dhan-Aadhaar-Móvel) serviu como ponte para ligar Fundos Públicos, números móveis e cartões Aadhaar, para transferir subsídios e eliminar intermediários para impedir fugas. Isto permitiu aos correspondentes bancários aproximarem-se do sector rural, facilitando as transacções bancárias, com o uso de Micro-ATMs ligados a Aadhaar. As contas bancárias foram abertas com benefícios como seguro de acidentes gratuito, conta poupança de saldo zero, Cartão RuPay, e muitos mais.

Os governos estaduais têm sido aconselhados a implementar Transferências Diretas de Benefícios a beneficiários individuais com base em Aadhaar para todos os esquemas financiados pelo governo central, total ou parcialmente. O maior impacto foi visível nas pessoas que dependem de subsídios alimentares e cereais alimentares ao abrigo da Lei Nacional de Segurança Alimentar, 2013. O DBT baseado em Aadhaar não só excluiu beneficiários fantasmas como também facilitou a transferência de dinheiro directamente para a conta bancária do indivíduo visado.

Um dos maiores avanços de Aadhaar foi evidente, no processo de aquisição do Passaporte. Ele reduziu significativamente o demorado processo de verificação policial e abriu caminho para a liberação do Passaporte em 10 dias. Provavelmente, essa poderia ser a razão pela qual o Cartão Aadhaar surgiu como um documento obrigatório para a obtenção do Passaporte.

Da mesma forma, Aadhaar tem facilitado o processo de retirada mensal da pensão e do fundo de previdência para aqueles indivíduos que registraram seu número Aadhaar em seus Bancos e Organização de Fundos de Previdência dos Funcionários. Aadhaar também está sendo vinculada ao cartão de identidade do eleitor para eliminar os eleitores falsos e aqueles que possuem múltiplas identidades de eleitores.

Aadhaar também iniciou o processo de mudança da identidade relacional para a identidade pessoal da mulher, como indivíduo. As mulheres estão agora autorizadas a receber as suas transferências de dinheiro, directamente para as suas contas bancárias, e este processo proporcionou-lhes mais mobilidade [Kelkar et. al., 2015]. De um modo geral, Aadhaar, sendo uma prova de identidade para cada indivíduo, deu um salto gigantesco em direção à inclusão financeira e ao desenvolvimento sócio-econômico do País.

4.2 - Armadilhas

O projeto UID foi uma iniciativa crítica para a Índia e, em todas as possibilidades, o governo tinha que ter certeza de que o projeto não teria o mesmo destino que teve, em exercícios semelhantes em larga escala, como a introdução do EPIC no país. Infelizmente, a fraternidade política e administrativa excessivamente entusiástica nunca se aventurou nos prós e contras, o que conseguimos ver, provavelmente como um efeito de retrospectiva.

A saga da armadilha de Aadhaar começa com a própria National Identification Authority of India Bill [NIAI, 2010]. O Comitê Permanente de Finanças, em seu 42º Relatório, interrogou a necessidade de acrescentar mais uma forma de identidade, ou seja, Aadhaar, sem explorar a possibilidade de usar as formas de identidade predominantes como passaporte, identidade do eleitor, carteira de motorista, etc. e referiu-se a ele como um potencial desperdício de recursos. Em resposta à consulta, o governo esclareceu que o projeto não deveria substituir as formas de identidade existentes. Essas identidades permaneceriam pertinentes a um domínio e a um serviço. Isto foi, talvez, uma indicação da sua queda.

O número de Aadhaar, que foi imaginado pelo governo, como uma prova geral de identidade e prova de endereço, não pôde se sustentar porque várias formas de identidade existentes ainda continuam e a exigência de fornecer outros documentos para prova de endereço, mesmo após a emissão do número de Aadhaar, torna a sua existência, sem sentido.

Além disso, de acordo com o Projeto de Lei, o número de Aadhaar não está ligado à cidadania e, portanto, todo residente da Índia tem direito a ela, desde que forneça suas informações demográficas e biométricas. Embora as informações demográficas não incluam informações relacionadas à nacionalidade, religião, casta, língua, renda ou saúde, ainda assim as provas documentais que são coletadas para ela, tais informações sensíveis são automaticamente trazidas à tona, questionando a neutralidade das informações.

Além disso, o NIAI, de acordo com o quadro do Projeto de Lei, será responsável pela proteção e privacidade das informações. O Projeto de Lei estipula que a partilha de dados é proibida, exceto com o consentimento do residente, por ordem judicial, ou para a segurança nacional, quando deve ser dirigida por um funcionário autorizado. No entanto, o termo "segurança nacional", que tem um significado indefinido e indefinido, não foi definido em nenhuma parte do Projeto de Lei.

O Comitê Permanente expressou algumas das preocupações de segurança que vieram de grupos da sociedade civil e recomendou ao governo a introdução de um novo Projeto de Lei, e uma Lei Nacional de Proteção de Dados como um pré-requisito.

O Comitê também criticou o fato de não ter sido feita nenhuma avaliação abrangente envolvendo segurança de dados, aspectos práticos e implicações financeiras, com relação ao projeto. Imaginou-se que o projeto é a favor dos pobres, que vai acabar com as fugas no sistema de bem-estar social e que a tecnologia vai consertar o resto das coisas. No entanto, do ponto de vista técnico, há lapsos a serem corrigidos. O uso da biometria como mecanismo de autenticação tem inúmeros inconvenientes, para os quais projetos similares foram arquivados em países desenvolvidos como o Reino Unido e os Estados Unidos após exame público. De acordo com o Conselho Nacional de Pesquisa dos EUA, a tecnologia biométrica é apta apenas para pequena escala. É inerentemente falível para a biometria em larga escala e os resultados são muitas vezes probabilísticos.

Outro aspecto discutível do projeto tem sido o caráter voluntário, ao contrário do caráter obrigatório implícito da inscrição. Embora o documento do projeto não torne obrigatória a obtenção de um número Aadhaar por um indivíduo, ainda assim não proíbe nenhuma agência de exigir um número Aadhaar para receber um serviço. Por outro lado, o Governo tornou obrigatória a ligação de Aadhaar com PAN, Passaporte e Cartão de Ração, como pré-requisito para a obtenção do serviço.

Hoje em dia, a ligação de Aadhaar a esquemas sociais tem ironicamente criado mais barreiras para o setor desfavorecido da sociedade, que necessita urgentemente de acesso a benefícios limitados proporcionados pelo Estado. Isto difere notavelmente dos Estados Unidos, onde a agência governamental não pode negar o benefício a um indivíduo, se este não possuir ou se recusar a revelar o Número de Segurança Social, a menos que haja uma necessidade expressa, nos termos da lei, de o fazer.

Em setembro de 2013, a própria declaração de que o cartão Aadhaar tem que ser um pré-requisito para os serviços públicos, recebeu um golpe, quando a Suprema Corte da Índia aprovou uma ordem provisória em um caso, contestando a validade constitucional da UIDAI. Em 16 de março de 2015, o Tribunal Apex deixou claro que a nenhuma pessoa será negado qualquer benefício ou sofrido por não ter o cartão Aadhaar emitido pela UIDAI. À luz da sentença do Tribunal, o Aadhaar perdeu o seu fundamento.

5 | Modelos Descentralizados

Desde o advento da Internet, os modelos de identidade online avançaram através de quatro grandes etapas:

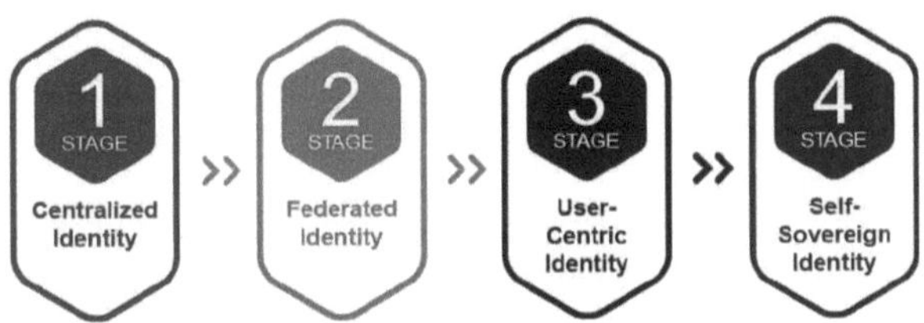

Fig - 5.1: Modelos Descentralizados de Identidade Online

5.1 - Identidade Centralizada

O primeiro modelo de gestão de identidade digital está sendo amplamente utilizado em todo o mundo. Ele é controlado por uma única autoridade. Cada organização emite uma credencial de identidade digital a um usuário para permitir que ele tenha acesso aos seus serviços. Cada usuário precisa de uma nova credencial de identidade digital para cada nova organização com a qual ele se envolve. A UID (Aadhaar) é um testemunho eloquente deste protótipo.

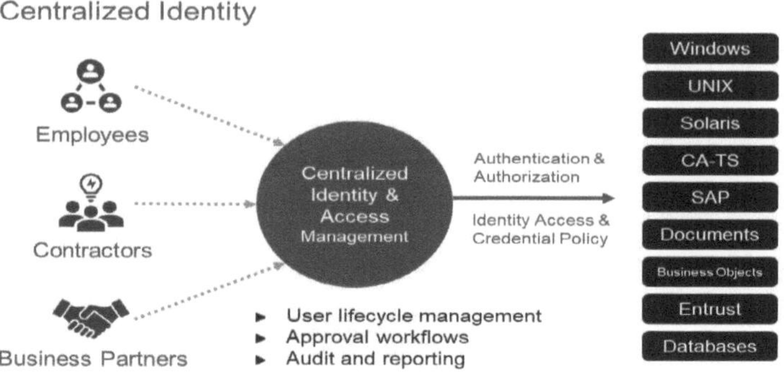

Fig - 5.2: Identidade Centralizada

5.2 - Identidade Federada

O segundo modelo de gestão da identidade digital chama-se **Federado**. Devido à má experiência do primeiro modelo, terceiros começaram a emitir credenciais de identidade digital que permitem aos usuários fazer login em serviços e outros sites.

É controlado por múltiplas autoridades federadas. O Microsoft's Passport (1999) foi o primeiro a imaginar a identidade federada, o que permitiu aos utilizadores utilizar a mesma identidade em vários sites. A identidade federada permite que os usuários vagueiem de site para site sob o sistema. Contudo, cada site individual continua a ser uma autoridade.

Os melhores exemplos disso são as funcionalidades 'login com Facebook' e 'login com Google'. O Facebook, Google e outros se tornaram os intermediários. As empresas subcontrataram a gestão da sua identidade a grandes empresas que têm um interesse económico em acumular bases de dados tão grandes de dados pessoais. Isto, é claro, levantou preocupações com privacidade e segurança.

5.3 - Identidade centrada no usuário

É controlado por um indivíduo, através de múltiplas autoridades, sem necessidade de uma federação. Este modelo de identidade é baseado no pressuposto de que cada indivíduo tem o direito de controlar a sua própria identidade online. Um usuário pode teoricamente registrar sua própria identidade aberta, que ele pode usar independentemente.

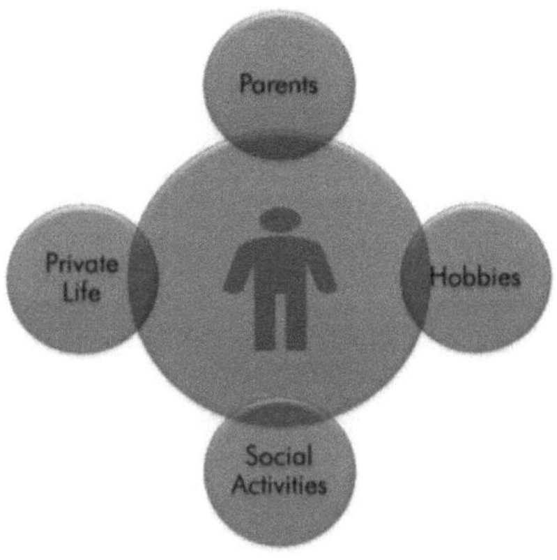

Fig - 5.3: Identidade centrada no utilizador

5.4 - Identidade de Auto-soberania

A Identidade Auto-soberana (SSI) é o próximo passo após a identidade centrada no usuário, onde o usuário é central para a administração da identidade, através de qualquer número de autoridades. Uma identidade auto-soberana pode ser transportável e interoperável através de múltiplos locais, criando autonomia para o usuário.

Uma vez que a Identidade Auto-Sovereigna confere pleno direito e controle de identidade, aos usuários, através de múltiplas autoridades, ela se adequa melhor às necessidades contemporâneas de identificação e gestão de acesso.

Isto também foge ao problema do pote de mel. Não há um armazenamento centralizado da identidade digital que possa estar sujeito a violações. Como cada indivíduo carrega seus detalhes de identidade em sua própria carteira de identidade - IPFS, isso implica que um hacker teria que invadir esses 100 milhões de pessoas individualmente para roubar 100 milhões de perfis, o que parece altamente improvável.

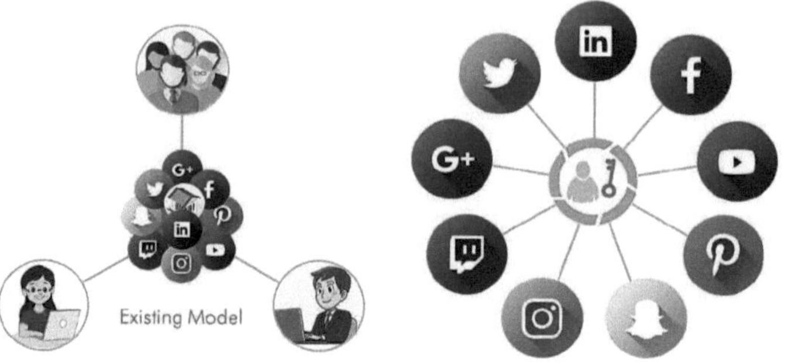

Fig - 5.4: Comparação entre o Modelo Existente e o Modelo Proposto

6 | DLT de cadeia de bloqueios

Para implementar o Modelo de Identidade Auto-Sovereign, uma tecnologia que subiu ao topo da lista, é a DLT - **Distributed Ledger Technology**. O conceito engloba como a criptologia e um ledger distribuído aberto podem ser combinados em um negócio digital.

Um ledger distribuído é uma base de dados que existe em vários locais ou entre vários participantes. Pode ser um Blockchain, DAG, Hashgraph, Holochain ou Tempo (Radix).

6.1 Diferentes tipos de DLT

6.1.1 - Cadeia de bloqueios

A cadeia de blocos é um tipo de DLT onde os registros de transações são gravados, no ledger, como uma cadeia de blocos. Todos os nós mantêm o ledger, de modo que o poder computacional geral é distribuído entre eles, o que proporciona um bom resultado.

- Segurança melhorada: Cada dado é profundamente encriptado (hashed), o que permite um nível de segurança mais elevado. Isso torna impossível o hacking.

- Desembolso mais rápido: Relativamente mais rápido do que os sistemas de pagamento típicos, embora as redes maiores possam ter taxas de transacção mais lentas.

- Consenso: Suporta uma vasta gama de algoritmos de consenso que ajudam os nós a tomar a decisão certa.

Uma vez realizada uma transação, os nós da rede verificam-na. Após a verificação, a transação recebe uma identificação de hash única, juntamente com a identificação de hash da transação recente, e é armazenada no ledger. Uma vez que ela é adicionada ao ledger, ninguém pode mudar ou excluir a transação.

6.1.2 - DAG (Gráficos Acíclicos Dirigidos)

Cada transação é entrada no ledger em ordem seqüencial. Entretanto, para validá-la, a transação precisa validar duas transações anteriores para se chamar válida. Aqui, uma seqüência de transação é chamada de 'ramificação' e quanto mais longa ela for, mais válida se torna toda a transação.

- Escalabilidade Virtualmente Infinita: Quanto mais usuários usam a rede, menos tempo leva para a validação. É assim que ela pode alcançar um nível infinito de escalabilidade.

- Resistência quântica: O uso de assinaturas únicas torna-o resistente a quantum.

- Transações paralelas: Todas as transações alinhadas em uma linha paralela após a validação.

6.1.3 - Hashgraph

O Hashgraph emprega um protocolo Gossip para transmitir a informação sobre uma transacção. Uma vez realizada uma transação, os nós adjacentes compartilham essa informação com outros, e depois de algum tempo todos os nós saberiam sobre a transação. Com a ajuda do protocolo 'Votação Virtual', cada nó valida a transação e então a transação é adicionada ao ledger.

- Pode haver múltiplas transações armazenadas no ledger no mesmo carimbo de data/hora. Todas as transações são gravadas em uma estrutura paralela. Aqui cada registro no ledger é chamado de 'Evento'.

- Estrutura de dados única: O ledger registra cada seqüência de fofocas na rede de uma forma ordenada.

- Fofoca Aleatória: Fofocas aleatórias sobre o que eles sabem com outros nós para espalhar a informação até que cada nó saiba a informação.

6.1.4 - Holochain

Em Holochain, cada nó da rede mantém o seu próprio livro razão. Embora o sistema não prescreva nenhum protocolo de validação global, a rede mantém um conjunto de regras chamado 'DNA' para verificar cada ledger individual.

- A Holochain passa das estruturas centradas em dados para as estruturas centradas em agentes. Os nós centrados nos agentes podem validar individualmente sem qualquer protocolo de consenso forçado.

- Eficiência energética: A natureza diferente do livro razão torna o sistema mais eficiente em termos energéticos do que os seus outros equivalentes.

- DLT verdadeiro: Cada nó da rede mantém seu próprio ledger, o que cria um verdadeiro sistema distribuído.

6.1.5 - Tempo

- Relógios lógicos: O sistema depende da sequência das transacções, e não dos carimbos temporais, para chegar a um consenso.

- A partir de estilhaços: Cada nó da rede mantém uma lasca (a menor seção do ledger global) com uma identificação única.

- Protocolo de fofocas: Os nós transmitem toda a sua informação para sincronizar os seus próprios fragmentos.

Da comparação anterior, a cadeia de bloqueio, devido a algumas de suas propriedades, como sua descentralização, transparência de informação, abertura e construção à prova de adulteração, parece ser uma boa combinação para a gestão da identidade.

6.2 - Evolução Cronológica

A partir da revisão da literatura, é evidente que o âmbito das aplicações da cadeia de bloqueio aumentou de moedas virtuais para aplicações financeiras, e para a educação, saúde, ciência, transporte e governo. Com base em suas aplicações, a blockchain é delineada como Blockchain 1.0, 2.0, e 3.0.

A Blockchain 1.0 estava restrita a moedas virtuais, como o bitcoin, que foi a primeira e mais amplamente aceita moeda digital [Mainelli & Smith, 2015]. A maioria das aplicações do Blockchain 1.0 eram moedas digitais, usadas em transações comerciais para pagamentos de pequeno valor, câmbio, jogos de azar e lavagem de dinheiro, baseadas em ecossistemas de moedas criptográficas.

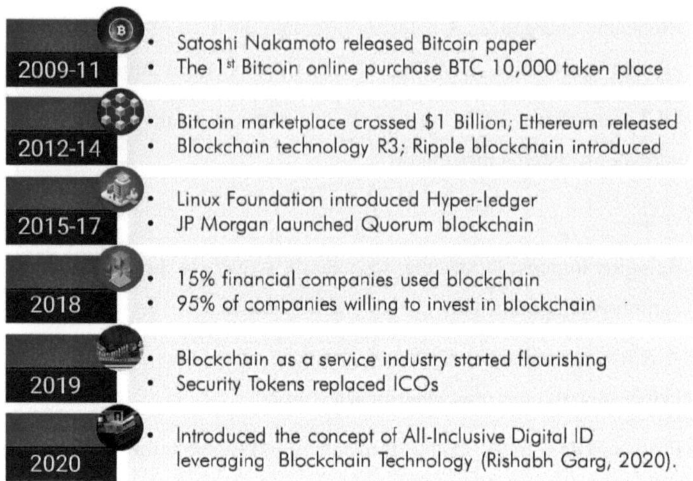

Fig - 6.1: Evolução da Blockchain

A Blockchain 2.0 inclui principalmente Bitcoin 2.0, contratos inteligentes, aplicações descentralizadas (Dapps), organizações autônomas descentralizadas (DAOs) e empresas autônomas descentralizadas (DACs) [Swan, 2015]. Entretanto, em outras áreas de finanças, foi utilizado principalmente em bancos, comércio de ações, sistemas de crédito, financiamento da cadeia de suprimentos, compensação de pagamentos, anti-falsificação e seguro mútuo para interromper os sistemas tradicionais de moeda e pagamento. Algumas linguagens de contratos programáveis, tais como Ethereum, Codius e Hyperledger, têm uma infra-estrutura executável para implementar contratos inteligentes.

A Blockchain 3.0 é considerada como um projeto da Nova Economia. Ele pode ser empregado em áreas como educação, saúde, ciência, transporte e logística, além de moeda e finanças [Swan, 2015]. O escopo deste tipo de cadeia de blocos e suas aplicações potenciais sugerem que a tecnologia da cadeia de blocos é uma meta contínua [Crosby et al., 2016]. Ela engloba uma forma mais avançada de "contratos inteligentes" para criar uma unidade organizacional distribuída, que enquadra suas próprias leis e trabalha com um alto grau de autonomia [Pieroni et al., 2018].

Fig - 6.2: Casos de uso da Blockchain

A fusão da Blockchain com as fichas é uma combinação vital da Blockchain 3.0.

- O token é um atestado de direitos digitais e, portanto, os tokens em cadeia de bloqueio são amplamente reconhecidos com o devido crédito ao Ethereum e ao seu padrão ERC20.

- Com base neste parâmetro, qualquer pessoa pode emitir um token personalizado no Ethereum e este token pode indicar qualquer direito ou valor.

- Os tokens indicam atividades econômicas criadas através dos tokens criptografados, que são basicamente, mas não exclusivamente, baseados no padrão ERC20.

- Os tokens podem funcionar como um tipo de validação de qualquer direito, incluindo identidade pessoal, diplomas educacionais, moeda, recibos, chaves, pontos de bônus, vales, ações e títulos.

- Pode-se afirmar que as fichas são a sua cara económica de front-end, enquanto a cadeia de bloqueio é a tecnologia de retaguarda da nova era.

Assim, utilizando a tecnologia de cadeia de blocos, é possível introduzir um ecossistema de identidade digital que combina capacidades de autenticação e proteção aprimorada da privacidade individual, para gerar uma experiência de identidade sem atritos.

6.3 - Arquitetura em Blockchain

Blockchain é uma seqüência de blocos, que contém uma lista completa de registros de transações como um livro razão público convencional [Wang et. al., 2018]. A Figura 6.1 mostra um exemplo de uma cadeia de bloqueios. Com um hash de bloco anterior contido no cabeçalho do bloco, um bloco tem apenas um bloco pai. O bloco first de uma cadeia de bloqueios é chamado de bloco gênese, que não tem um bloco pai.

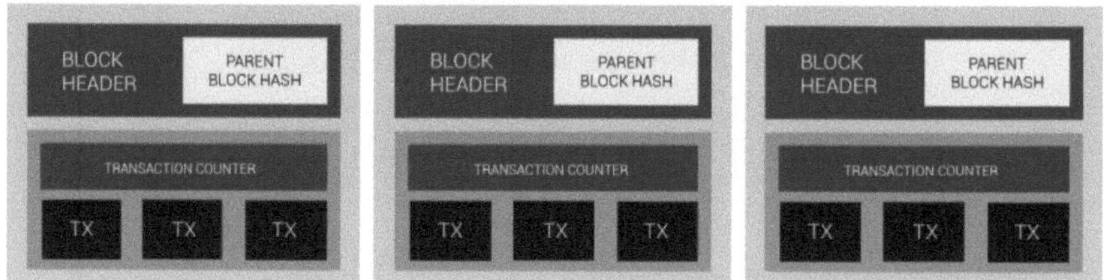

Fig - 6.3: Cadeia de Blocos - Uma Sequência Contínua de Blocos

6.3.1 - Bloco

Um bloco compreende um cabeçalho de bloco e um corpo de bloco, como mostrado na Figura 6.4. O cabeçalho do bloco contém:

- Versão de bloco que significa o conjunto de regras de validação de bloco a seguir.

- Hash da raiz da árvore Merkle que indica o valor do hash de todas as transações no bloco.

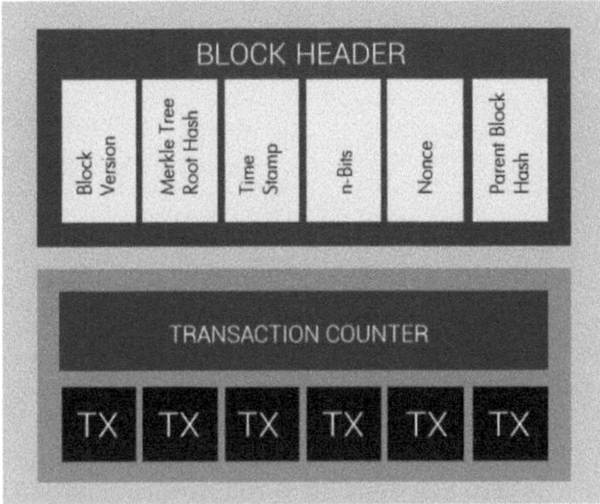

Fig - 6.4: Bloco

- Carimbo da hora que retrata o tempo atual no tempo universal desde 01 de janeiro de 1970.

- nBits que visam o limiar de um hash de bloco válido.

- Nonce que denota um 4-byte field, que normalmente começa a partir de 0 e sobe para cada cálculo de hash.

- Hash do bloco pai com um valor de hash de 256 bits que aponta para o bloco anterior.

O corpo do bloco é composto por um contador de transações e transações. O número máximo de transações que um bloco pode realizar depende do tamanho do bloco e do tamanho de cada transação. O Blockchain utiliza um mecanismo de criptografia assimétrica para validar a autenticação das transações [NRI, 2016]. A assinatura digital baseada em criptografia assimétrica é utilizada em um ambiente não confiável.

6.3.2 - Haxixe

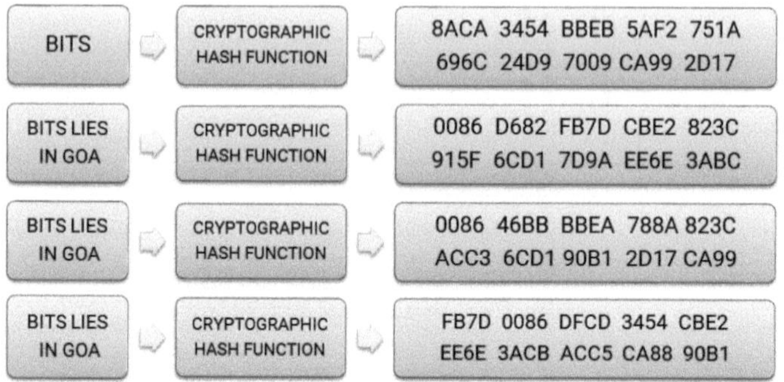

Fig 6.5 - Função Hash: Cada bloco está ligado ao bloco seguinte através de um hash criptográfico

A função Hash, usada em criptografia, representa um algoritmo matemático que transforma bits de informação em uma seqüência de valores alfanuméricos. Único em si mesmo, o hash indica se a informação de entrada e saída é a mesma. As funções de hash têm um alto efeito avalanche, ou seja, uma pequena mudança na string de entrada resulta em uma string de saída diferente. Isto torna quase impossível a engenharia reversa a menos que algoritmos ML sofisticados sejam aplicados.

6.3.3 - Assinatura Digital

Cada utilizador possui um par de chaves privadas e públicas. A chave privada, que é mantida em confidential, é utilizada para assinar as transacções. As transacções assinadas digitalmente são transmitidas por toda a rede. A assinatura digital típica está envolvida em duas fases: a fase de assinatura e a fase verification.

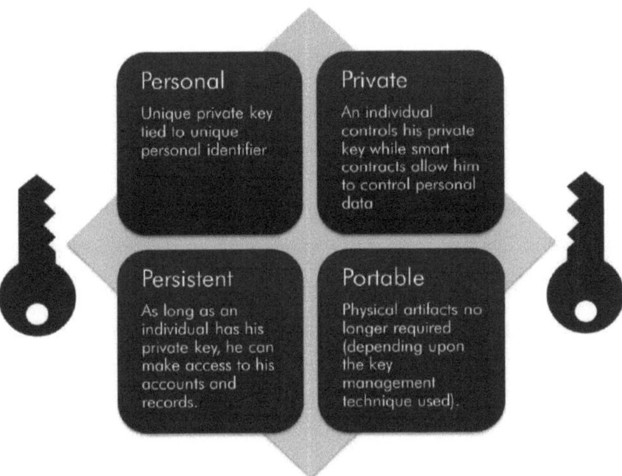

Fig - 6.6: Chaves Públicas e Privadas

6.3.4 - DID

Um identificador descentralizado (DID) é um identificador pseudo-anónimo de uma pessoa ou empresa. Cada DID é protegido por uma chave privada. Apenas o proprietário da chave privada pode estabelecer que é proprietário ou controlar a sua identidade. Uma pessoa pode ter muitos DIDs, o que limita a medida em que eles podem ser rastreados através das múltiplas atividades em sua vida. Por exemplo, uma pessoa pode ter um DID associado a uma plataforma de jogos, e um DID separado com a sua plataforma de relatórios de crédito.

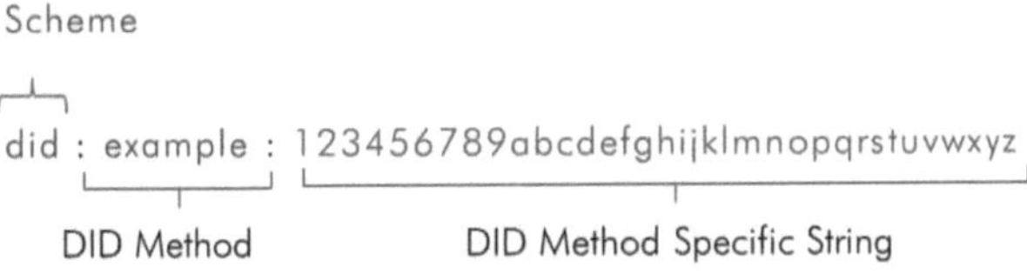

Fig 6.7 - DID

Cada DID está frequentemente associado a uma série de credenciais verificáveis (atestados) emitidos por outros DIDs, que verificam características específicas desse

DID (tais como idade, diplomas, pay-slips, localização). Essas credenciais são assinadas criptograficamente pelos seus emissores, o que permite aos proprietários de DID armazenar elas mesmas essas credenciais como uma alternativa a um único fornecedor de perfil.

Um DID é armazenado no livro de registro público juntamente com um documento DID, contendo a chave pública do DID, quaisquer outras credenciais públicas que o proprietário da identidade deseja divulgar publicamente, e os endereços da rede para interação. É assim que o proprietário da identidade controla o documento DID, controlando a chave privada associada.

6.3.5 - Criptografia

A fim de assegurar identidades descentralizadas, as chaves privadas são conhecidas apenas pelo proprietário, enquanto que as chaves públicas são amplamente divulgadas. Este emparelhamento atinge dois propósitos. O primeiro é a autenticação, onde a chave pública verifica que um detentor da chave privada emparelhada enviou a mensagem. A segunda é a criptografia, onde apenas o detentor da chave privada emparelhada pode descriptografar a mensagem criptografada com a chave pública. Este processo é chamado criptografia.

Uma vez emparelhado com uma identidade descentralizada, os utilizadores podem apresentar o identificador verificado sob a forma de um código QR para estabelecer a sua identidade e fazer acesso a determinados serviços. O prestador de serviços verifica a identidade verificando a prova de controle ou propriedade do atestado encaminhado (apresentado) - o atestado foi vinculado a um DID e o usuário assina a apresentação com a chave privada pertencente a esse DID. Se coincidirem, o acesso é concedido.

6.3.6 - Características Principais

O Blockchain tem as seguintes características chave:

Descentralização

Na cadeia de bloqueio, terceiros não são mais necessários para validar as transações. Os algoritmos de consenso sustentam a consistência dos dados na rede distribuída.

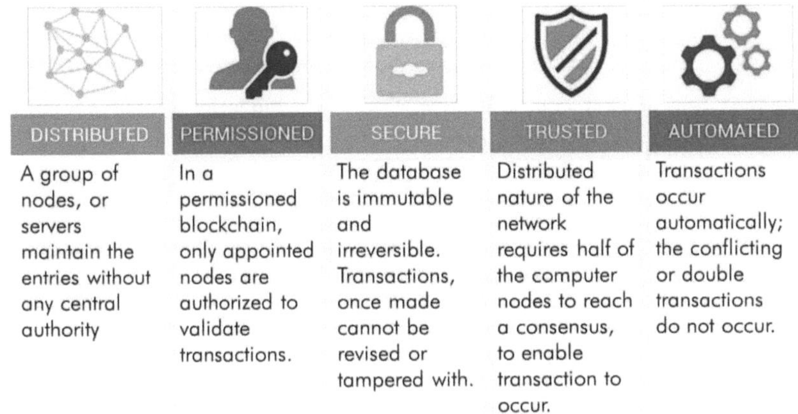

Fig - 6.8: Características principais do Blockchain

Persistência

É virtualmente impossível eliminar ou recuar transações uma vez que elas são incorporadas na cadeia de bloqueio. As transações podem ser validadas rapidamente e as transações inválidas não seriam admitidas por mineiros honestos. Portanto, os blocos que contêm transações inválidas poderiam ser imediatamente detectados.

Anonimato

Cada usuário pode fazer transações na cadeia de bloqueio usando um endereço gerado, que não revela a identidade real do usuário.

Auditabilidade

Blockchain armazena dados sobre saldos de usuários com base no modelo Unspent Transaction Output (UTX-O) [Nakamoto, 2008]: Qualquer transação tem que se referir a algumas transações anteriores não gastas. Uma vez que a transação atual é registrada na cadeia de bloqueio, o estado das transações referidas não gastas muda de transações não gastas para transações gastas. Assim, as transações poderiam ser facilmente verified e rastreadas.

6.3.7 - Taxonomia

Os actuais sistemas de cadeias de bloqueio são tipicamente classificados em três grandes categorias: Cadeia de bloqueio pública, Cadeia de bloqueio privada e Cadeia de bloqueio do consórcio [Buterin, 2015].

No Bloqueio Público, todos os registos são visíveis para o público e cada um poderia participar no processo de consenso. Em contraste, a Cadeia de Bloqueio Privada permite apenas que os nós que vêm de uma organização specific, se juntem ao processo de consenso. Sendo totalmente controlada por uma organização, é muitas vezes considerada como uma rede centralizada. A fim de utilizar o melhor de ambas as soluções, pública e privada, o modelo híbrido de cadeia de bloqueio também pode ser adotado.

A cadeia de bloqueio do consórcio permite que um grupo de nós pré-selecionados participe do processo de consenso. Como apenas uma pequena parte dos nós é selecionada para determinar o consenso, a cadeia de bloqueios do consórcio, construída por várias organizações, é um pouco descentralizada.

A comparação entre os três tipos de cadeias de bloqueios está listada na Tabela 6.9:

Propriedade	Bloqueio público	Cadeia de bloqueio do consórcio	Cadeia de bloqueio privada
Centralizado	Descentralizado	Parcialmente centralizada	Totalmente centralizado
Acesse	Ler & Escrever (Público para qualquer um)	Ler & Escrever pode ser público ou restrito	Ler & Escrever (Apenas mediante Convite)
Processo de Consenso	Permissão menor (qualquer pessoa pode participar do processo)	Autorizado	Autorizado
Determinação do consenso	Todos os mineiros (cada nó poderia tomar parte no processo de consenso)	Apenas um conjunto selecionado de nós é responsável pela validação do bloco	Totalmente controlado por uma organização para determinar o consenso de final
Mineiros	Não se conhecem	Podem ou não se conhecer	Conheça um ao outro
Imutabilidade	Quase impossível de adulterar uma vez que os registros são	Pode ser adulterado facilmente, pois há apenas um número	Pode ser adulterado facilmente, pois há apenas um número

	armazenados com um grande número de participantes	limitado de participantes	limitado de participantes
Efficiency	Baixa (o rendimento da transação é limitado e a latência é alta devido ao grande número de nós)	Alto (com menos validadores, o sistema é mais efficient).	Alto (reduz custos e redundâncias de dados; o sistema é mais efficient).
Exemplos	Bitcoin, Dash, Ethereum, IOTA, Litecoin, Monera, Steemit, Stellar, Zcash, etc.	Quorum, Hiperledger e Corda	R3 (bancos), EWF (energia), B3i (Corda de Seguros)

6.3.8 - Consenso

Para entender a ideologia por trás da criação da cadeia de bloqueio, deve-se começar com o problema clássico, em sistema distribuído, popularmente conhecido como Problema dos Generais Bizantinos. Segundo o esquema BGP, vários exércitos convergem para atacar um castelo. O castelo só pode ser conquistado se todos os exércitos atacarem no mesmo momento. Considere uma solução simples onde o exército líder usa um mensageiro para ordenar todos os outros exércitos a atacar em um determinado momento. O mensageiro poderia ser apreendido enquanto em trânsito e assim a mensagem de ataque nunca seria entregue. Para garantir que uma mensagem fosse entregue, o remetente poderia solicitar um reconhecimento, mas o mesmo problema poderia ser encontrado novamente que o remetente do reconhecimento também poderia ser capturado.

Portanto, um consenso tem que ser alcançado, certificando que (i) o transmissor da mensagem de ataque sabe que todos os outros exércitos receberam esta mensagem; e (ii) todos os exércitos que receberam esta mensagem confirmam que todos os outros exércitos receberam esta mensagem. Agora presuma que, ao invés de enviar um mensageiro, o general chefe do exército envia esta mensagem de ataque para uma cadeia de bloqueio. O ataque está agendado para daqui a 12 horas. A prova de trabalho, usada nesta cadeia de bloqueio, é que se todos os exércitos trabalharem para resolver o problema, no mesmo momento, levará cerca de 10 minutos para que a primeira solução apareça. Uma vez que o general, que enviou a mensagem de ataque, encontre provas válidas de soluções de trabalho, aparecendo quase a cada 10 minutos, ele poderia ter certeza de que todos os outros exércitos receberam a mensagem. É improvável que menos exércitos estejam produzindo provas válidas de soluções de trabalho, a este ritmo. Ao mesmo tempo, todos os outros exércitos estariam plenamente seguros de que todos os outros exércitos viram a mensagem de ataque, dado o ritmo a que as provas de soluções de trabalho estão sendo produzidas.

A mesma lógica é aplicável à ideia de um ledger distribuído. Assim como a solução de cadeia de bloqueio para o Problema dos Generais Bizantinos garante que todas as partes saibam que todas as outras partes viram uma mensagem, este raciocínio pode ser usado para verificar se todas as partes concordam com o estado atual de um ledger [Mahmoud et. al., 2019].

6.3.9 - Abordagens ao Consenso

Prova de trabalho (PoW) é uma estratégia de consenso utilizada na rede Bitcoin [Nakamoto, 2008]. Em uma rede descentralizada, alguém tem que ser selecionado para registrar as transações, para as quais a seleção aleatória é a maneira mais fácil. No entanto, a seleção aleatória é suscetível a ataques. Portanto, se um nó quer publicar um bloco de transações, muito trabalho (computação) tem que ser feito para provar que não se espera que o nó ataque a rede.

No PoW, cada nó da rede calcula um valor hash do cabeçalho do bloco. O cabeçalho do bloco contém um nonce e os mineiros modificariam o nonce recurrentemente para obter diferentes valores de hash. O consenso requer que o valor calculado deve ser igual ou menor que um determinado valor. Quando um nó atinge o valor alvo, ele transmitiria o bloco para outros nós e todos os outros nós devem mutuamente confirm a precisão do valor do hash. Se o bloco for validado, outros mineiros anexariam este novo bloco às suas próprias correntes de bloqueio. Os nós que calculam os valores de hash são chamados de mineiros e o procedimento PoW é chamado de mineração.

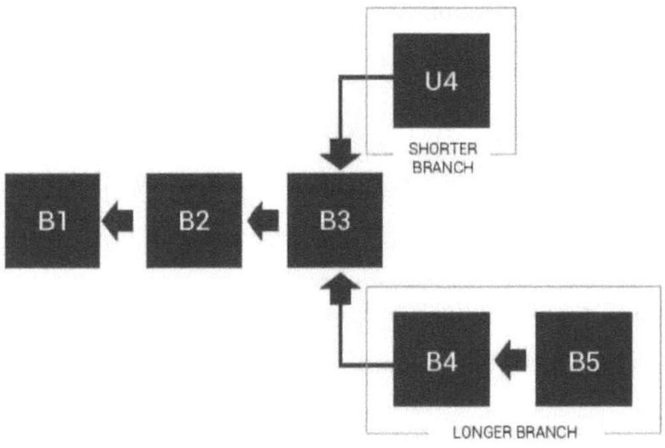

Fig - 6.10: Ramos de cadeia de bloqueio - o ramo mais longo admitido como a cadeia
principal
enquanto o mais curto como deserto

Na rede descentralizada, blocos válidos podem ser gerados ao mesmo tempo quando vários nós find o nãoce apropriado quase ao mesmo tempo. Como resultado, ramificações podem ser geradas como mostrado na Figura-6.10. No entanto, é improvável que dois garfos concorrentes criem o próximo bloco concomitantemente. No protocolo PoW, uma cadeia que se torna mais longa é julgada como a autêntica. Considere dois garfos criados pelos blocos U4 e B4 validados simultaneamente. Os mineiros continuam minerando seus blocos até que um ramo mais longo seja gerado. Como B4 - B5 forma uma cadeia mais longa, assim os mineiros no U4 mudariam para o ramo mais longo. Os mineiros precisam fazer muitos cálculos computadorizados em PBO, mas estes trabalhos desperdiçam demasiados recursos.

Proof of Stake (PoS) é uma alternativa de poupança de energia ao PoW. Os mineiros em PdS têm que provar a posse da moeda. Presume-se que pessoas com mais moedas são menos esperadas para atacar a rede. A seleção baseada no saldo da conta é bastante injustificada porque a única pessoa mais rica pode dominar a rede. Consequentemente, muitas soluções são propostas com a combinação do tamanho da aposta para decidir qual delas forjar o próximo bloco. Blackcoin, por exemplo, usa a randomização para prever o próximo gerador [Vasin, 2014]. Ele emprega uma fórmula que procura o menor valor de hash em combinação com o tamanho da estaca.

Peercoin promove seleção baseada na idade das moedas [King & Nadal, 2012]. Aqui, os conjuntos mais antigos e maiores de moedas têm uma maior probabilidade de mineração no bloco seguinte. Mas, como o custo da mineração é quase zero, as possibilidades de ataques não podem ser descartadas. Muitos bloqueadores adotam a PoW no início e se transformam em PoS gradualmente [Wood, 2014; Zamphir, 2015].

Practical Byzantine Fault Tolerance (PBFT) é um algoritmo de replicação para tolerar falhas bizantinas [Miguel & Barbara, 1999]. Hyperledger Fabric [Linux, 2015] utiliza o PBFT como seu algoritmo de consenso, já que este último poderia lidar com até 1/3 das réplicas bizantinas maliciosas. Um novo bloco é determinado em uma rodada. Em cada rodada, um primário seria selecionado de acordo com algumas regras, que é responsável por ordenar a transação. Todo o processo poderia ser dividido em três fases: pré-preparado, preparado e comprometido. Em cada fase, um nó entraria na fase seguinte se tivesse recebido votos de mais de 2/3 de todos os nós. É uma pré-condição que cada nó seja conhecido pela rede. Similar ao PBFT, o Stellar Consensus Protocol (SCP) também é um protocolo de acordo bizantino [Mazieres, 2015]. O PBFT necessita que cada nó consulte outros nós enquanto o SCP fornece aos participantes o direito de escolher qual o conjunto de outros participantes a acreditar.

Delegated Proof of Stake (DPOS) é democrático representativo e é diferente do PdS, que é democrático direto. As partes interessadas elegem os seus delegados para gerar e validar blocos. Como há menos nós para validar o bloco, o bloco poderia ser confirmed rapidamente, levando ao rápido confirmation de transações. Entretanto, os parâmetros da rede, tais como tamanho do bloco e intervalos de blocos, poderiam ser ajustados pelos delegados. Além disso, os usuários não precisam se preocupar com os delegados desonestos, pois eles poderiam ser votados facilmente.

Ripple é um algoritmo de consenso que utiliza sub-redes de confiança coletiva dentro da rede maior [Schwartz, 2014]. Na rede, os nós são divididos em dois tipos: 'servidor' para participar do processo de consenso e 'cliente' para apenas transferir fundos. Cada servidor tem uma Lista Única de Nós (UNL), que é importante para o servidor. Ao decidir se colocar uma transação no ledger, o servidor consultaria os nós no UNL e, se os acordos recebidos tivessem atingido 80%, a transação seria empacotada no ledger.

Para um nó, o ledger permanecerá correto, dado que a porcentagem de nós defeituosos no UNL é inferior a 20%.

Tendermint é um algoritmo de consenso bizantino [Kwon, 2014]. Um novo bloco é determinado em uma rodada e um proponente seria selecionado para transmitir um bloco unconfirmed. Ele poderia ser dividido em três passos - prevotar, pré-comprometer e comprometer.

Durante a etapa de pré-voto, os validadores escolhem se querem emitir um prevoto para o bloco proposto. Na etapa de pré-comprometimento, ele determina se o nó recebeu mais de 2/3 dos prevotos no bloco proposto, então ele emite um pré-comprometimento para aquele bloco. Se o nó receber mais de 2/3 de pré-compromissos, ele entra na etapa de commit.

Para terminar, o nó valida o bloco e transmite um commit para esse bloco (passo Commit). Se o nó receber 2/3 dos commits, ele aceita o bloco. Ao contrário do PBFT, os nós têm de bloquear as suas moedas para se tornarem validadores. Uma vez que um validador seja considerado desonesto, ele será punido.

6.3.10 - Algoritmos de Consenso: Uma Comparação

Diferentes algoritmos de consenso têm diferentes vantagens e desvantagens, como indicado na Tabela - 6.11 [Vukolic, 2015].

Gestão da Identidade do Nó

O PBFT precisa conhecer a identidade de cada mineiro para selecionar uma primária em cada rodada, enquanto o Tendermint precisa conhecer os validadores para selecionar um proponente em cada rodada. Para PoW, PoS, DPOS e Ripple, os nós poderiam entrar livremente na rede.

Propriedade	PoW	PdS	PBFT	DPOS	Ripple	Tendermint
Gestão da Identidade do Nó	Aberto	Aberto	Autorizado	Aberto	Aberto	Autorizado
Economia de Energia	Não	Parcial	Sim	Parcial	Sim	Sim

Energia Tolerada de Adversary	<25% informática energia	<51% estaca	<33.3% réplicas defeituosas	<51% validadores	<20% nós defeituosos na UNL	<33.3% poder de voto bizantino
Exemplo	Bitcoin [Nakamoto, 2008]	Peercoin [King & Nadal, 2012]	Hyperledger Fabric [HPL, 2015]	Bitshares	Ripple [Schwartz et.al., 2014]	Tendermint [Kwon, 2014]

Fig 6.11 - Comparações entre Algoritmos Típicos de Consenso

Economia de Energia

Em PoW, os mineiros têm o cabeçalho do bloco, sem parar, para atingir o valor alvo. Como efeito, a necessidade de electricidade toca nos máximos da escala. Quanto a PdS e DPOS, os mineiros têm de fazer um hash no cabeçalho do bloco para procurar o valor alvo, mas o trabalho é largamente reduzido devido ao espaço limitado de procura. Quanto ao PBFT, Ripple e Tendermint, uma vez que não há mineração no processo de consenso, uma enorme quantidade de energia é economizada.

Poder Tolerado do Adversário

Em geral, 51% da potência de hash é considerada como o limiar para se obter o controle da rede. Mas a estratégia de mineração selfish nos sistemas PoW poderia ajudar os mineiros a obter mais receita com apenas 25% do poder de precipitação [Eyal & Sirer, 2014]. PBFT e Tendermint podem lidar com até 1/3 dos nós defeituosos. Ripple é capaz de manter a correção, se os nós defeituosos em uma UNL forem menos de 20%.

6.3.11 - Avanços nos Algoritmos de Consenso

Um bom algoritmo de consenso significa efficiency, segurança e conveniência. Em tempos recentes, uma tremenda onda de esforços tem sido feita para melhorar os algoritmos de consenso em cadeia de bloqueios. Mais e mais algoritmos de consenso são concebidos para resolver alguns problemas de cadeia de bloqueio specific [Zheng et. al., 2017].

Uma destas ideias de novo é o Censo dos Pares [Decker et. al., 2016]. O objetivo é desacoplar a criação e a transação de blocos confirmation para aumentar a velocidade do consenso. Além disso, a Kraft [2016] sugeriu um novo esquema de consenso para garantir que um bloco seja gerado a uma velocidade bastante estável, assumindo que uma alta taxa de geração de blocos pode comprometer a segurança da Bitcoin.

Em um avanço adicional, Sompolinsky & Zohar [2013] recomendou uma regra de seleção da cadeia de sub-árvores gananciosamente servidas por pesados (GHOST) para resolver este problema. Neste método, em vez do esquema de ramos mais longo, o GHOST pesa os ramos e os mineiros poderiam selecionar o melhor a seguir. Chepurnoy et. al. [2016] também ofereceram um novo algoritmo de consenso para sistemas peer-to-peer blockchain, onde qualquer um que forneça provas não-interativas de capacidade de recuperação para os snapshots do estado passado é acordado para gerar o bloco. Em tal protocolo, os mineiros têm de armazenar apenas os cabeçalhos dos blocos antigos, e não os blocos completos.

Gestão de Identidade e Acesso

O actual Sistema de Gestão de Identidade está cheio de falhas. Há um número infinito de identidades e para ir buscar esses documentos, deparamo-nos com longas filas, procedimentos morosos, formalidades em massa, intervenção de procuradores e agentes. Para além disso, a verificação destes documentos, em cada nível, é outro exercício sombrio [Garg, 2017].

Uma identidade digital reduz o nível de burocracia e acelera os processos dentro das organizações, permitindo uma maior interoperabilidade entre os departamentos governamentais e as empresas. Mas se armazenada em um servidor centralizado, essa identidade digital se torna um alvo suave que atrai os hackers. Organizações governamentais, instituições financeiras, agências de crédito são os alvos mais vulneráveis, para hacking e roubo de dados, no atual sistema de gestão de identidade.

Aqui estão alguns dos desafios que existem na Gestão da Identidade Tradicional:

- Os documentos de identidade são usados regularmente por todos, e são compartilhados com terceiros, sem o seu consentimento explícito e armazenados em local desconhecido.

- Os aplicativos, nos quais um sistema típico de gerenciamento de ID funciona, não são atualizados regularmente. Eles não cumprem com as medidas de segurança. Além disso, múltiplos domínios administrativos para múltiplas aplicações criam inconsistências.

- Cada vez que os usuários têm que criar um nome de usuário e senha únicos para se cadastrar ou se registrar em cada site. Torna-se difícil para os usuários se lembrarem dessas credenciais, toda vez que ele entra em uma plataforma online.

- O processo de autenticação existente da KYC é complexo e bastante dispendioso, uma vez que envolve três partes interessadas, um - empresas de verificação /KYC, dois - utilizadores, e três - terceiros que precisam de verificar a identidade do utilizador. Uma vez que as empresas de KYC têm de atender às exigências dos bancos, prestadores de cuidados de saúde, funcionários da imigração, etc., necessitam de mais recursos para acelerar as suas tarefas. Para facilitar isto, estas empresas KYC cobram uma enorme quantia pela verificação que é extraída dos indivíduos como taxa de processamento oculta. Apesar de o processo ser acelerado, as empresas terceirizadas são mantidas à espera durante muito tempo para embarcar os clientes. De acordo com uma pesquisa global, verificou-se que o gasto anual global em todo o processo foi de cerca de 48 milhões de dólares americanos.

- De acordo com o Índice de Nível de Violação, 4,8 milhões de registos são roubados todos os dias. Isso acontece porque as pessoas muitas vezes compartilham suas informações pessoais com fontes desconhecidas, para utilizar os serviços online. Essas informações online são presas de hackers, pois são armazenadas em um servidor central.

A partir da conta anterior, é evidente que os utilizadores não têm qualquer controlo sobre as informações pessoalmente identificáveis (IPI). Sem estar ciente do facto de que quantas vezes os seus dados foram partilhados ou onde foram armazenados, os utilizadores comprometem a sua própria privacidade. Portanto, o actual sistema de gestão de identidade necessita de uma revisão imediata:

- As identidades devem ser portáteis e verificáveis em qualquer lugar, a qualquer momento. Têm de ser privadas e seguras. Para que, eles superem os lapsos dos actuais sistemas de gestão de identidade:

- Deve haver uma rede de interoperação adequada entre o governo e a complexa estrutura burocrática para reduzir o tempo e o custo de processamento.

- Os funcionários nas zonas de saúde - hospitais, clínicas, médicos, farmácias e seguros, podem estar interligados de forma adequada, na frente operacional, para oferecer instalações de saúde rápidas e eficientes aos pacientes.

- A estrutura educacional deve ser sistematizada e equipada com um processo robusto de autenticação e verificação.

- Os bancos devem ser tornados seguros e mais fáceis de usar, evitando o exercício repetido de "entrar e sair" para ter acesso às suas contas bancárias, para cada transacção.

Assim, no presente estado de coisas, a cadeia de bloqueio exclui a intrusão de intermediários e a falta de controle. Ela permite que os indivíduos desfrutem da propriedade da sua identidade, criando uma identificação global para servir a múltiplos propósitos. Concede uma sensação de segurança aos utilizadores, de que nenhum terceiro pode partilhar o seu SRCP sem o seu consentimento.

7.1 - Gestão de Identidade

Os bens digitais são problemáticos, pois podem ser duplicados e utilizados por várias pessoas. Este problema pode ser melhor compreendido à luz da moeda digital.

É um facto bem conhecido que os bancos trabalham com base na confiança. As pessoas trocam fundos e os bancos servem como intermediários. O banco recebe um depósito (fundos) da pessoa A e concede um empréstimo a B. Ambas as partes permitem que o banco realize a operação.

Uma vez que a autoridade central em rede é a base vulnerável para hacking de dados, ela pode ser removida, mas para os bancos, para que a informação ou dinheiro possa fluir de um usuário para outro sem um intermediário. Esta condição para gerar confiança em ambos os extremos, sem regulação ou controlo, parece arriscada. Como poderiam as pessoas envolvidas em tal sistema, confiar na santidade da transação? Como se pode garantir que este dinheiro digital não foi imitado e consumido por A? Uma solução antecipada para este problema foi dada pela Nakamoto [2008].

A Tecnologia de Ledger Distribuído (DLT), comumente conhecida como Blockchain, refere-se à tecnologia que trabalha em bases de dados descentralizadas que fornece controle sobre a evolução dos dados entre entidades, através de uma rede P2P (peer-to-peer), onde algoritmos de consenso garantem a replicação através dos nós da rede.

Os dados em um bloco parecem bloqueados à medida que são gravados nele, e não podem ser alterados. Para fazer alterações, é preciso escrever na cadeia de bloqueio e isso só é feito após o consenso da rede. Isso implica que, para retificar qualquer informação, todos os blocos, criados depois desse bloco, precisam ser alterados e que também, ao receber o consenso, de mais da metade da rede, que concorda com a alteração. Isto exigiria um enorme poder computacional para alterar os blocos à medida que são criados a cada minuto, de modo a trazer a mudança, num determinado momento, a mudança dos blocos recentemente adicionados até que o bloco específico que precisa de ser alterado, seja rectificado. A mudança adicionada existe na cadeia como novo ramo de informação referido como "fonte da verdade". Entretanto, os dados originais também persistem na cadeia como um ramo separado, o fenômeno denominado "bifurcação".

A preocupação fundamental para criar uma cadeia de bloqueio foi resolver o problema do duplo gasto ou duplicação da moeda digital. Neste contexto, presumiu-se que a cadeia de bloqueios agisse como um ledger da transação da moeda, e cada pessoa transacionária agisse como um nó na rede, registrando sua atividade. O processo completo envolveu cada pessoa da rede, dado o poder de escrever em um ledger, com o consenso na rede, permitindo assim a descentralização. Assim, quanto mais pessoas estão envolvidas na rede, mais difícil é alterar a autenticidade da informação, pois seria necessária a aprovação da metade da rede, tornando a cadeia de bloqueio uma forma estável e segura de proteger os dados.

Com um sistema de descentralização tão robusto; reforçado com a colaboração e o altruísmo coletivo, as transações poderiam ser facilmente verificadas e rastreadas com a garantia de que são transferidas apenas uma vez e não copiadas digitalmente, muitas vezes.

7.2 - Autenticação de ID

A identidade de uma pessoa precisa passar por um método em duas etapas: processo de autenticação e verificação, para dispor de serviços ou instalações. Para provar que a identidade é da mesma pessoa que se aproximou do escritório, seu nome e documentos de identificação são verificados pelo processo de autenticação e, além disso, para saber se os documentos indicando nome, endereço ou número de passaporte, apresentados por ele estão corretos ou não, há um processo de verificação. Isso significa que uma entidade verificadora confirma que os dados que são reclamados pelo indivíduo como seus são genuínos ou não. Isto geralmente é feito através da verificação de documentos de identificação.

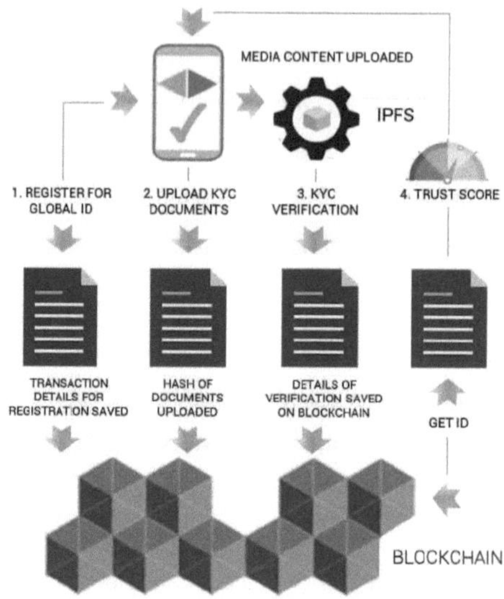

Fig - 7.1: Gestão da Identidade através da Blockchain

A autenticação de identidade envolve uma configuração administrativa, onde os funcionários fazem uso de software ou hardware com acesso específico, privilégios e restrições, para a emissão e verificação de credenciais de nascimento, cartões de identidade nacional, passaportes ou carteiras de habilitação, que permitem ao usuário provar sua identidade, e acessar serviços específicos do governo ou prestadores de serviços.

Certas preocupações de privacidade surgem nesta fase - a autoridade verificadora deve ter acesso a outras informações do documento quando procura verificar apenas informações primárias? Isto é bastante discutível, pois a informação, mais frequentemente, são os detalhes pessoais extras que marcam com a informação básica, infringindo o direito do usuário à privacidade.

7.2.1 - Provas de conhecimento zero

A gestão da identidade pode utilizar um método de autenticação com Prova de Conhecimento Zero, através do qual uma entidade, através de encriptação, mascara os detalhes da informação recebida, mas prova a outra entidade que tem a informação em questão, sem ter de divulgar qualquer informação real, à outra, para suportar essa prova. A entidade de verificação, apesar do conhecimento zero, fica convencida da sua validade sobre as informações que suportam a prova. Isto é especialmente útil quando e onde a entidade de autenticação não confia na entidade de verificação, mas ainda tem de convencer sobre a posse de informação específica.

Portanto, um caso de gerenciamento de identidade com cenário de cadeia de bloqueio, permite que uma pessoa declare seus dados pessoais, para cumprir certos requisitos, sem a obrigação de revelar todos os seus dados reais.

Para torná-lo mais explícito, o sistema de gestão de identidade pode ser comparado a um ledger distribuído. Assim, cada entidade do bloco na rede, tem a mesma fonte de verdade, sobre a validade das credenciais, e as informações sobre a autoridade atestadora também, sem obter os dados reais da identidade.

Alavancando a tecnologia de cadeias de bloqueio para Gestão de Identidade, três artistas diferentes - proprietários de identidade, emissores de identidade e verificadores de identidade, interpretam as suas personagens.

O emissor da identidade é uma autoridade confiável, como um órgão governamental que tem o direito de emitir credenciais pessoais para um proprietário da identidade (o usuário). Actua como uma autoridade certificadora que carimba a validade dos dados pessoais (por exemplo, apelido e data de nascimento), emitindo uma credencial. O proprietário da identidade pode guardar estas credenciais na sua carteira PI e utilizá-la para provar a sua identidade a terceiros a pedido.

O terceiro ou o verificador determina a validade da prova através da validade do atestado e a fiabilidade do atestado. Ele não sonda na validade dos dados reais fornecidos na prova.

Por exemplo, se a prova da data de nascimento de alguém tiver de ser verificada, a entidade verificadora verificará as assinaturas da entidade certificadora, que emitiu a credencial mas não pode exigir a prova da data de nascimento ao proprietário da identidade. Assim, o verificador tenta julgar a fiabilidade do certificador para decidir a validação de uma prova.

Assim, a cadeia de bloqueio simplesmente ajuda a criar confiança entre as partes e garante uma autêntica troca de dados, sem carregar qualquer tipo de dados pessoais no sistema. O livro razão da cadeia de bloqueios é irreversível e irrevogável, e nenhuma alteração é possível, pois não elimina a transação original.

7.2.2 ן Revogação

A fim de assegurar a fiabilidade do sistema e eliminar a possibilidade de fraude, as credenciais são imutáveis, ou seja, uma vez emitidas, ninguém (nem mesmo o emissor) pode alterar a informação dentro da credencial. No entanto, os atributos, tais como endereço, número de telefone, número de filhos e as credenciais que têm uma data de validade, por exemplo, um passaporte ou carta de condução, podem mudar ao longo do tempo. Portanto, quando os atributos mudam, uma nova credencial precisa ser emitida e a antiga precisa ser declarada inválida. Assim, em cada prova o usuário precisa provar que as credenciais utilizadas na prova ainda são válidas.

A revogação significa a eliminação ou actualização de uma credencial. A possibilidade de um emissor revogar uma credencial é crucial para uma infra-estrutura de identidade pelo simples fato de as identidades serem dinâmicas.

O registro contém o status de cada credencial, se ela foi revogada (apagada ou atualizada) e, portanto, se essa credencial específica ainda é válida.

Em outras palavras, o livro razão permite que todos na rede tenham a mesma fonte de verdade sobre quais credenciais ainda são válidas e quem atestou a validade dos dados dentro da credencial, sem revelar os dados reais.

7.2.3 - Prevenção do Roubo de Identidade

No gerenciamento de identidade Blockchain, cada usuário pode armazenar suas credenciais de identidade em uma carteira de identidade digital em um dispositivo, como seu telefone celular. As credenciais de identidade digital só são válidas se utilizadas a partir de um dispositivo que tenha sido autorizado a fazê-lo. Se o dispositivo for perdido ou roubado, esse usuário pode usar outro dispositivo autorizado, como seu laptop, para escrever na cadeia de bloqueio que a autorização de seu telefone celular está revogada.

Isto teria efeito imediato e impediria qualquer pessoa de usar as credenciais de identidade digital no telemóvel. O ladrão não seria capaz de imitar o usuário mesmo tendo suas senhas, biometria ou o dispositivo porque a cadeia imutável e segura (cadeia de bloqueios) agora teria um registro de revogação para o telefone. Assim, o ladrão não será capaz de criar novas relações.

No passo seguinte, as chaves de relacionamento existentes (ligações em pares onde cada uma delas tem uma chave única) devem ser revogadas. Isto impede que o ladrão explore as relações existentes entre o dispositivo e outras pessoas ou organizações.

Com o actual sistema de gestão de identidade, se um utilizador desejar cancelar um cartão de identidade roubado, terá de se dirigir ao escritório em questão, para cancelar esse cartão e obter um novo, o que leva tempo e não impede o ladrão de identidade de utilizar os seus dados. O usuário tem que esperar pelos serviços até que um novo cartão seja emitido e enviado a ele. Mas, aqui, dois passos simples podem impedir um ladrão de identidade de usar credenciais de identidade digital para acessar novos serviços ou explorar relacionamentos com os serviços existentes. Ao mesmo tempo, permite que o usuário utilize suas credenciais em outro dispositivo, sem uma falha.

7.2.4 - Apontadores de advertência

- Uma bandeira vermelha é indicada quando os dados privados são introduzidos no livro razão da cadeia de bloqueio, e que, em última análise, afeta a privacidade dos usuários, sob atividade de violação ou hacking.

- Viola a actual regulamentação de privacidade (por exemplo, GDPR; direito a ser esquecido)

- Os dados pessoais não são estáticos, pelo que não é aconselhável colocar uma entrada no livro razão (os atributos são dinâmicos e podem mudar com o tempo, por exemplo, número de telefone, endereço da casa).

7.2.5 - Protocolos de segurança

Para que as transacções sejam seguras, protegidas e invioláveis, devem ser cumpridas as seguintes normas:

- Nenhum dado pessoal deve ser colocado em uma cadeia de bloqueio.

- Somente a credencial verificada dos usuários, após atestado, deve ser refletida.

- O DID público (Identificadores Públicos Descentralizados) ou Identificadores únicos, adquiridos para identidade digital, controlados pelo proprietário da Identidade, devem ser retidos na rede. Os DID's devem ser permanentes por natureza, imutáveis e intransferíveis para alguma outra entidade.

- Identificadores, que não sejam DID's, como endereço IP e ID's de e-mail podem ser atribuídos a entidades que devem cuidar da parte em questão.

- As provas de consentimento de partilha de conteúdos pelo Proprietário da Identidade podem ser guardadas.

- Os Registros de Revogação devem ser indicados na cadeia de bloqueio, pois são registros nos quais os emissores têm o direito de retirar uma credencial.

- Cada DID é resolúvel e mantém um documento DID ou um manual contendo operações dignas de confiança de DID com chaves públicas, protocolos de autenticação e pontos finais de serviço. Através do Documento DID, uma entidade deve entender como usar esse DID.

- Os identificadores descentralizados devem ser verificáveis criptograficamente e descentralizados a partir do registro central. A confiança forma a base da tecnologia de registro distribuído, como toda entidade, tem a mesma fonte de verdade, sobre os dados nas credenciais.

Novas especulações têm surgido nos últimos tempos, onde o indivíduo possuirá e controlará sua identidade, sem qualquer dependência do serviço central para resolver DIDs. Eles seriam capazes de compartilhar informações através dos DIDs de seus pares. Isso aumentaria a segurança e a privacidade das informações do proprietário. Em última análise, eles transformarão as identidades digitais em Identidades Auto-Sovereignas, pois permitem que cada indivíduo possua e controle sua identidade sem depender de outras partes.

8 | Análise SWOC

8.1 - Forças

Ao longo dos anos, certos regulamentos como o EU-GDPR [2016] têm reforçado os padrões de identidade que exigem soluções de identidade contemporâneas. No meio em questão, a tecnologia Blockchain oferece as seguintes vantagens:

8.1.1 - Titularidade dos dados pessoais

Auto-Sovereign identity é o conceito que permite aos utilizadores e comércios armazenar os seus próprios dados de identidade nos seus próprios dispositivos, seleccionando as partes de informação, que desejam partilhar, para validadores sem dependerem de um repositório central de dados de identidade. Estas identidades podem ser criadas independentemente da nação, estados, corporações ou organizações.

8.1.2 - Seguro, Fácil e Acessível

MetaMask permite que os usuários executem o Ethereum DApps em seu navegador com um cofre de identidade seguro. Ele oferece uma interface de usuário para gerenciar identidades em diferentes sites, tornando as aplicações Ethereum mais fáceis e acessíveis.

Fig - 8.1: Características salientes da Identidade de Soberano Próprio

8.1.3 - Tempo e Custo Eficaz

Ao contrário da estrutura centralizada, os direitos de acesso são concedidos de acordo com uma interpretação da política e todos os indivíduos, incluindo os serviços, são devidamente autenticados, autorizados e auditados. A Blockchain permite que as negociações operem de forma mais profissional, diminuindo o esforço, tempo e custo do que o necessário para gerenciar manualmente o acesso a essas redes.

8.1.4 - Gestão e Controlo

Nos sistemas de identidade centralizados, a entidade que fornece a identidade é normalmente responsável pela guarda dos dados. Entretanto, em uma estrutura de identidade descentralizada, a segurança torna-se responsabilidade do usuário, que pode determinar suas próprias medidas de segurança ou terceirizar a tarefa para algum aplicativo de serviço como um gerenciador de senhas ou um cofre digital de banco. Além disso, as soluções de identidade descentralizadas alimentadas por cadeias de blocos obrigam os hackers a atacar lojas de dados discretas, o que é caro e incômodo.

Tabela - 8.2: Comparação entre ID Tradicional e Gestão de IDs em Cadeia de Bloqueio

Gestão de Identidade Tradicional	Caracteres comparativos	Gerenciamento de identificação de bloqueios
Honeypots - o tesouro de informação é susceptível de ser atacado por hackers		Proporciona anonimato e privacidade através de uma rede de bloqueio autorizada
Os usuários usam a mesma senha para sites diferentes. Se uma senha for roubada, todos os aplicativos ficarão comprometidos com ela.	Proteção por senha	A chave pública encriptada cria uma referência digital segura sobre a identidade do utilizador (uma alternativa segura à palavra-passe)
O uso da computação em nuvem para vários fins levou ao desafio de rastrear o uso de recursos entre ambientes.	Aplicativos em nuvem	Pode aumentar a sinalização única existente nas soluções ou ser projetado para rastrear a atividade através das plataformas.
A autenticação multi-factor funciona como um desafio a gerir devido aos requisitos de infra-estrutura para a suportar.		A tecnologia Blockchain pode permitir o AMF sem a necessidade de infra-estruturas adicionais
Introduz o desafio de ter uma única fonte de verdade, o que torna as auditorias difíceis de conduzir.	Centralização	As transacções são imutáveis por natureza, podem ser usadas tanto para armazenar como para recuperar dados que precisam de ser regulados por várias normas de conformidade.

8.1.5 - Infra-estrutura de Chave Pública Descentralizada (DPKI)

Blockchain permite o DPKI, que é o núcleo da Identidade Descentralizada, ao criar uma plataforma à prova de adulterações e confiável para distribuir as chaves de verificação assimétrica e criptografia dos detentores da identidade. O PKI Descentralizado (DPKI) permite a todos criar ou ancorar chaves criptográficas na Blockchain de forma à prova de adulteração e ordenada cronologicamente. O DPKI é um capacitador para casos, como credenciais verificáveis (VC) - um termo comumente usado para referir credenciais digitais que vêm com tais provas criptográficas.

8.1.6 - Armazenamento Descentralizado

As identidades ancoradas em cadeias de bloqueio são imanentemente mais seguras do que as identidades armazenadas em servidores centralizados. Com a cadeia de bloqueio Ethereum criptograficamente segura, em fusão com sistemas de armazenamento de dados distribuídos como o Sistema de Arquivos Interplanetário (IPFS) ou o Orbit DB, é provável que ele distribua os sistemas de armazenamento de dados centralizados predominantes, mantendo a confiança e a integridade dos dados. Soluções de armazenamento descentralizado, que são à prova de adulteração por projeto, diminuem a capacidade da entidade de acessar dados não autorizados, a fim de obter informações confidenciais de um indivíduo.

Em uma estrutura descentralizada, as credenciais são geralmente armazenadas diretamente no dispositivo do usuário ou mantidas em segurança por lojas de identidade privadas ou centros de identidade como o Gráfico de Confiança u-Port ou a 3Box [Consensys, 2020]. No sistema proposto (SSI), o usuário encontra um controle fácil sobre o acesso aos dados sem ter que se preocupar com a revogação do acesso. Além disso, torna a informação mais interoperável, protege o usuário de ser bloqueado em uma plataforma, permite que o usuário utilize dados em várias plataformas e permite que ele use a informação para diferentes fins.

8.1.7 - Portabilidade dos dados

Com DIDs e credenciais verificáveis, é provável que transfira identidades que foram ancoradas em um sistema alvo para outro com facilidade. A portabilidade dos dados reduz o atrito para o usuário, enquanto simplifica o processo de inscrição, o que aumenta a adoção do usuário.

A portabilidade dos dados DID também permite credenciais reutilizáveis, onde o utilizador pode rapidamente re-verificar-se para cumprir os requisitos regulamentares KYC (Know Your Customer). Isto irá saltar o incómodo processo de verificação de identidade onde muitos documentos são necessários e verificados, o que irá sucessivamente reduzir o tempo de entrada do cliente, evitar taxas de abandono e reduzir os custos no sector financeiro.

8.2 - Fraqueza

Apesar das perspectivas ilimitadas, a Blockchain tem alguns problemas de dentição, o que restringe a sua vasta gama de aplicações.

8.2.1 - Escalabilidade

Com o volume sempre crescente de transacções, a cadeia de bloqueio torna-se volumosa. Devido à restrição inerente ao tamanho do bloco e ao intervalo de tempo para gerar um novo bloco, a cadeia de bloqueio Bitcoin pode processar, mais ou menos sete transações por segundo, o que não atende à necessidade de processar milhões de transações em tempo real.

8.2.2 - Fuga de privacidade

Pelo facto de os utilizadores transaccionarem com a sua chave privada e pública, sem qualquer exposição real à identidade, a cadeia de bloqueio ajuda a preservar a privacidade de uma forma significativa. No entanto, Meiklejohn et al. [2013] e Kosba et al. [2016] revelaram que o blockchain não pode prometer a privacidade transacional, uma vez que os valores de todas as transações e saldos para cada chave pública são visíveis publicamente. Além disso, Barcelo [2014] mostrou que as transações Bitcoin de um usuário podem ser vinculadas para divulgar as informações do usuário. Biryukov et al. [2014] também descobriram uma forma de vincular pseudônimos de usuários a endereços IP mesmo quando os usuários estão atrás dos firewalls ou Network Address Translation (NAT). Empregando a técnica dada, cada cliente pode ser distintamente identified por um conjunto de nós a que se conecta, e a origem de uma transação pode ser facilmente rastreada.

8.2.3 - Selfish Mineração

Blockchain é vulnerável aos ataques dos mineiros conspiradores do selfish. Eyal & Sirer [2014] indicaram claramente que a rede está em risco mesmo quando um fragmento muito pequeno do poder de hashing é usado para trapacear. Na abordagem de mineração selfish, os mineiros do selfish mantêm seus blocos minados sem serem transmitidos e revelam o ramo privado em público, apenas se alguns requisitos forem satisfied. Como o ramo privado é mais longo do que a atual cadeia pública, ele seria admitido por todos os mineiros. Até que a cadeia privada de blocos publique, os mineiros honestos desperdiçam seus recursos em um ramo inútil e os mineiros do selfish extraem sua cadeia privada sem concorrentes.

Com base em selfish mineração, muitos outros ataques foram sugeridos para mostrar que a cadeia de bloqueio não é completamente segura. Na mineração teimosa, os mineiros poderiam intensificar sua atividade compondo não-trivialmente ataques de mineração com ataques de eclipse em nível de rede [Nayak et al. 2016]. A teimosia do trilho é uma das estratégias persistentes que os mineiros ainda minam os blocos, mesmo que a cadeia privada seja deixada para trás.

8.2.4 - Conflitos administrativos

Na identificação digital, além da privacidade, a cadeia de bloqueio obriga a uma estrutura flexível, uma vez que as estruturas e modelos de secretariado variam muito. Por exemplo, os usuários se inscrevem em uma plataforma de identidade e dados auto-assinados para criar e registrar um identificador descentralizado (DID). Durante este processo, o usuário cria um par de chaves privadas e públicas. As chaves públicas associadas a um DID podem ser armazenadas na cadeia, caso as chaves estejam comprometidas ou sejam giradas por razões de segurança. Dados adicionais associados a um DID, tais como atestados, podem ser fixados na cadeia, mas os dados completos em si não podem ser armazenados na cadeia para manter a escalabilidade e conformidade com os regulamentos de privacidade.

8.3 - Desafios

A fim de superar falhas, como escalabilidade, vazamentos de privacidade, mineração egoísta e disparidades administrativas, a tecnologia precisa de alguns ajustes.

8.3.1 - Otimização e redesenho do armazenamento

O principal desafio com o gerenciamento de ID baseado em cadeias de bloqueio é melhorar a escalabilidade, para o qual existem duas saídas: uma é a otimização do armazenamento e a outra é o re-desenho. Bruce [2014] propôs um novo esquema de criptografia de moedas, no qual os antigos registros de transações são removidos (ou esquecidos) pela rede. Isso é significativo porque é bastante difícil para o nó operar uma cópia completa do ledger.

Eyal et al., [2016] apresentaram Bitcoin-Next Generation para desacoplar o bloco convencional em duas partes: bloco chave para eleição de líder; e microbloco para armazenamento de transações. O tempo tem sido dividido em épocas, e em cada época, os mineiros precisam de hash para gerar um bloco chave. Uma vez que um bloco chave é gerado, o nó torna-se o líder, que é responsável por gerar microblocos. Bitcoin-NG também estendeu a estratégia da cadeia mais longa na qual os microblocos não carregam peso. É assim que, ao redesenhar a cadeia de blocos, o tradeoff entre o tamanho do bloco e a segurança da rede pode ser resolvido.

Fig - 8.3: Desafios com DLT

8.3.2 - Proteção de Privacidade

Vários métodos têm sido propostos para melhorar o anonimato da cadeia de bloqueio. Miers et al., [2013] utilizaram a prova de zero-conhecimento (Zerocoin). Os mineiros não têm que validar uma transação com assinatura digital, mas sim validar moedas da lista de moedas válidas. A origem do pagamento é separada (não vinculada) das transações para evitar a análise do gráfico da transação. Mas mostra a quantia e o destino. Para resolver esta questão, Sasson et al., [2014] apresentaram o Zerocash, em que os montantes da transacção e os valores das moedas, detidos pelos utilizadores, permanecem velados.

8.3.3 - Random Beacons e Timestamps

Para fix o problema da mineração selfish, Heilman [Billah, 2015] apresentou um novo esquema para mineiros honestos escolherem um ramo a ser seguido. Com faróis aleatórios e carimbos temporais, os mineiros honestos selecionariam mais blocos frescos.

8.3.4 - Tecido Hyperledger

Hyper-ledger Fabric [Androulaki et al., 2018] pretende resolver estas questões, uma vez que é uma estrutura para a implementação de cadeias de bloqueio com o apoio de canais. Um canal, em Hyper-ledger Fabric, é simplesmente um ledger que é distribuído apenas para um grupo seleto de partes.

8.4 - Oportunidades

Atualmente, a maioria dos bloqueadores são usados no domínio financial, mais e mais aplicações para diferentes fields estão aparecendo. As indústrias tradicionais podem levar em consideração a blockchain e aplicar a blockchain em seu fields para melhorar seus sistemas.

8.4.1 - Uso da Blockchain ao redor do mundo

Embora uma série de países esteja a fazer uso da cadeia de bloqueio para diferentes fins, como indicado na tabela - 8.4, no entanto, ela está restrita a muito poucos serviços.

Nações Unidas	Distribuição da ajuda
Geórgia	Registro da terra
REINO UNIDO	Pagamentos de Bem-Estar
Estônia	Gestão de Identidade, Votação Electrónica, Registos de Saúde
Singapura	Pagamentos Interbancários
Estados Unidos (Delaware)	Contratos Inteligentes, Arquivos Públicos

Tabela - 8.4: Utilização da Blockchain em diferentes países

A Estônia usa identificação digital como:

- Identificação de viagem legal para cidadãos estonianos que viajam dentro da UE
- cartão nacional de seguro de saúde
- prova de identificação ao entrar em contas bancárias
- assinaturas digitais
- um instrumento para o i-Voting
- uma ferramenta de e-Prescrições, verificação de registros médicos, apresentação de reivindicações fiscais, etc.

8.4.2 - Utilizações em múltiplos domínios

Internet das Coisas

- Fornece segurança para o IoT.
- Melhor sistema para lidar com os desafios operacionais.

Negociação

- Fornece uma plataforma segura para a negociação de moedas criptográficas.
- Proporcionar um nível mais elevado de segurança para os activos.

e-Commerce

- Conecta os usuários com melhores merchandisers.
- Promove a equidade nos mercados digitais.

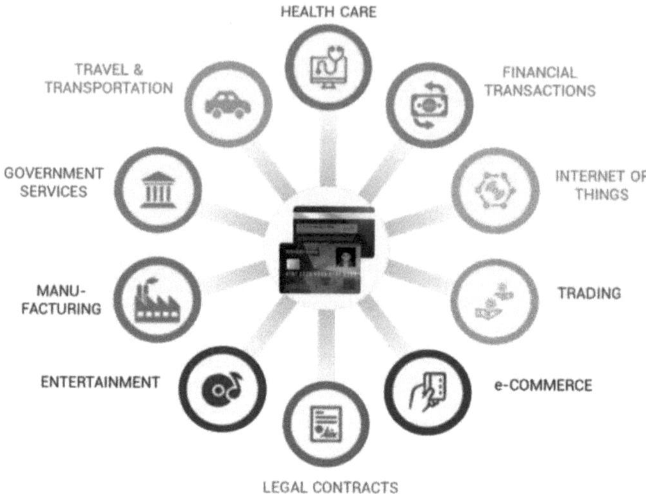

Fig - 8.5: Aplicações da tecnologia Blockchain em vários domínios

Contratos Legais

- Oferece proteção para contratos e documentações legais.
- Simplifica a informação da propriedade e valida a herança.

Entretenimento

- Agiliza os canais de entretenimento e garante um melhor valor para o artista.
- Fornece tecnologia de ponta para jogos.

Fabricação

- Permite a fabricação inteligente.
- Otimiza o tempo, acelera e reduz os custos.

Serviços Governamentais

- Promete um sistema eleitoral transparente.
- Oferece 'policiais inteligentes' e atualiza o departamento jurídico.

Transporte

- Garante uma melhor actualização dos 'Smart Cars' com precisão.
- Conecta passageiros com transporte de melhor qualidade.

8.4.3 - Utilizações em todos os departamentos governamentais

Imporcements legais

- Os governos podem monitorar as transações para facilitar as transações legais e impedir a lavagem de dinheiro.

Digitalizado IDS

- O governo pode implementar identificações digitais para os cidadãos.

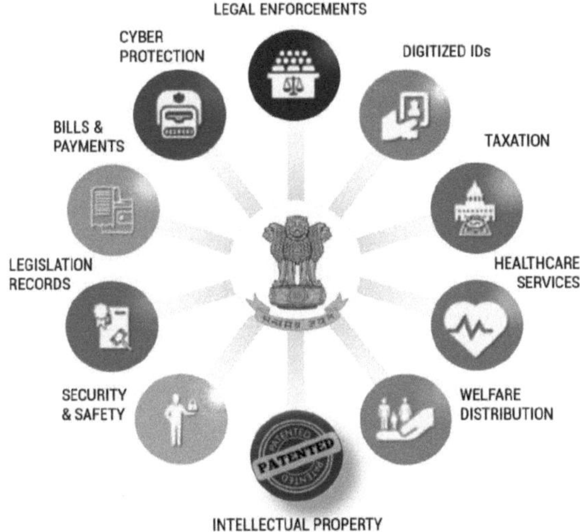

Fig - 8.6: Aplicações da Tecnologia Blockchain em Departamentos Governamentais

Tributação

- O governo pode agilizar o processo fiscal e trazer transparência na resolução de questões fiscais.

Saúde

- Oferece melhor suporte clínico.
- Acelera o diagnóstico e preserva a informação do paciente.
- O governo pode melhorar os serviços de saúde.

Distribuição de Bem-Estar

- Conecte o sistema para transferência direta de benefícios.
- Segurança e Proteção
- Melhor segurança social contra as fraudes online.

Registros da legislação

- O governo pode manter registos de todos os relatórios legislativos de uma forma meticulosa.

Contas e Pagamentos

- O governo pode melhorar os sistemas tradicionais de facturação e pagamento.

Segurança Cibernética

- Governo protege infra-estrutura vital contra hacks e cyber-ataques.
- Oferece melhores firewalls e listas negras.

9 | Visão geral

Actualmente, as pessoas precisam de uma plataforma apropriada para gerir a sua identidade, em vez de dependerem de documentos em papel. Ao alavancar a tecnologia de cadeias de bloqueio para a gestão da identidade, as Identidades Auto-Sovereignas podem tornar-se uma realidade. O termo cadeia de bloqueio é comumente usado para se referir a um ledger distribuído público ou sem permissão. Contudo, este não é o único uso da tecnologia. Se os usuários estão dispostos a confiar na centralização, então o algoritmo de prova de trabalho computacionalmente caro pode ser substituído por uma lista de usuários confiáveis que podem assinar blocos como válidos. Esta abordagem híbrida - centralizada aliada à descentralizada - pode simplificar significativamente a transferência de valor e o consenso entre partes confiáveis.

Um esboço geral do processo é resumido a seguir:

- Os meta-dados de identidade podem ser armazenados em uma cadeia de blocos

- A informação pode estar disponível quando as pessoas precisam dela

- Os dados de identidade podem ser registrados e acessados de forma segura e segura por pessoas autorizadas

- Parceiros confiáveis proporcionariam uma rede segura e imutável para a criação de oportunidades para a base da pirâmide

- Um livro-razão distribuído por uma rede de confiança seria útil durante eventos críticos da vida e crises cívicas como a COVID-19.

Blockchain Gestão de identidade pode ajudar as pessoas a criar, gerir, verificar e autenticar a sua identidade em tempo real. Enquanto milhões de transações são registradas através de centenas de nós espalhados por milhares de instituições financeiras, não obstante quaisquer fronteiras geográficas ou políticas; da mesma forma, todos os documentos de identidade, de diferentes organizações administrativas, podem ser registrados usando uma chave privada [Garg, 2019]. Como resultado, todos os detalhes de identificação do cidadão estariam disponíveis em um livro-razão pessoal seguro. A chave privada poderia ser uma senha alfanumérica, impressões digitais e/ou uma digitalização da retina do cidadão.

Glossário

Definições

A menos que haja algo repugnante no assunto ou contexto:

Aadhaar Number Holder significa um indivíduo a quem foi atribuído um número Aadhaar nos termos da Lei.

Identidades Baseadas em Atributos - Algumas interações não requerem identificação. Em vez disso, é suficiente que um indivíduo possua um atributo específico (por exemplo, tenha pelo menos 18 anos ou seja um estudante).

Os **dispositivos de autenticação** são os dispositivos que coletam os PID (Personal Identity Data) dos portadores Aadhaar, criptografam o bloco PID, transmitem os pacotes de autenticação e recebem os resultados da autenticação. Exemplos incluem PCs, quiosques, dispositivos portáteis, etc. Eles são implantados, operados e gerenciados pela AUA/Sub AUA.

Facilidade de autenticação significa a facilidade fornecida pela Autoridade para verificar a informação de identidade de um titular de número Aadhaar através do processo de autenticação, fornecendo uma resposta Sim/Não ou dados e-KYC, conforme aplicável.

Autenticação significa o processo pelo qual o número Aadhaar juntamente com a informação demográfica ou biométrica de um indivíduo é submetido ao Repositório Central de Dados de Identidades para a sua verificação e tal Repositório verifica a correcção, ou a falta da mesma, com base na informação disponível com ele.

Authentication Service Agency ou ASA significa uma entidade que fornece a infra-estrutura necessária para garantir a conectividade de rede segura e serviços relacionados para permitir que uma entidade requerente efectue a autenticação utilizando o recurso de autenticação fornecido pela Autoridade.

Authentication User Agency ou AUA é uma entidade envolvida na prestação de Serviços Activados Aadhaar ao Titular do número Aadhaar, utilizando a autenticação conforme facilitado pela Authentication Service Agency (ASA). Uma AUA pode ser uma agência legal governamental / pública / privada registrada na Índia, que usa os serviços de autenticação Aadhaar da UIDAI e envia pedidos de autenticação para habilitar seus serviços / funções comerciais.

Identidades baseadas em autenticação - Muitos provedores de serviços online, como o Facebook e o Gmail, fornecem aos usuários acesso às suas contas através de um nome de usuário e senha (também conhecidos como credenciais de login).

Tolerância a Falhas Bizantinas - Uma Falha Bizantina é uma ocorrência em sistemas descentralizados onde, para um utilizador, pode parecer que um sistema está a funcionar perfeitamente e para outros que o sistema está a falhar.

O leitor de cartões indica um gadget que pode ser usado para acessar o documento ou informações salvas no ID Multiuso.

Central Identities Data Repository ou CIDR significa uma base de dados centralizada em um ou mais locais contendo todos os números Aadhaar emitidos aos titulares de números Aadhaar, juntamente com as informações demográficas e biométricas correspondentes de tais indivíduos e outras informações relacionadas com os mesmos.

Credencial é um conjunto de múltiplos atributos de identidade.

Identidades Eletrônicas - Alguns governos emitem aos seus cidadãos identidades eletrônicas para uso on-line. Em alguns casos, a entidade emissora, ou fornecedor de identidade, é uma organização aprovada (por exemplo, uma agência dos correios).

Assinaturas Electrónicas - Muitos países promulgaram leis para reconhecer o efeito legal das assinaturas electrónicas. Além de serem um meio de identificação, as assinaturas electrónicas podem ter consequências, tais como a confirmação ou aceitação de um contrato.

As impressões digitais são pequenas cristas, bordas e padrões de vales na ponta de cada dedo que são totalmente únicos.

Perfil Genético refere-se às variações de nucleotídeos detectáveis no DNA. Qualquer variação única no número de repetições pode ser rastreada através de mini-satélites.

Identificadores - Todas as interacções na Internet envolvem o uso de identificadores. Alguns ajudam a função da Internet (por exemplo, endereços IP), outros identificam ou reconhecem um dispositivo e/ou usuário (por exemplo, segurança em instituições financeiras), e ainda outros rastreiam as interações online dos usuários (por exemplo, publicidade direcionada).

Atributos de Identidade - IA é uma informação sobre uma identidade (nome, idade, data de nascimento).

MetaMask permite que os usuários executem o Ethereum DApps em seu navegador com um cofre de identidade seguro. Ele fornece uma interface de usuário para gerenciar identidades em diferentes sites, tornando as aplicações Ethereum mais acessíveis e fáceis de usar por todos.

A **identificação multiuso** refere-se a uma identificação digital que compreende um número de identificação único de 16 dígitos para cidadãos da Índia. Alternativamente, também pode ter um número de identificação universal de 20 dígitos, único para todos os cidadãos da Terra.

Identidade Online significa uma identidade social que um usuário da Internet estabelece em comunidades e websites online (Wikipedia)

A **retina** compreende uma intrincada rede de capilares sanguíneos que podem ser capturados como imagem por meio de uma câmera de alta definição ou scanner que emite um feixe baixo de luz infravermelha. Ela pode ser convertida e salva em um banco de dados usando algoritmos apropriados.

Esquemas - A descrição formal para a estrutura de uma credencial.

Smart Cell Phone representa qualquer dispositivo que possa ser utilizado para gerar um OTP instantâneo ou para introduzir a palavra-passe de segurança, detalhes biométricos (impressões digitais, digitalização da retina) e para rastrear a localização geográfica do indivíduo (se necessário).

Mapa Termal denota as radiações IR (cerca de 12 microns) emitidas por um corpo humano para distinguir entre o homem e um robô.

Bibliografia

1. Aquisição A., Gross R. e Stutzman F. Faces do Facebook: A privacidade na era da realidade aumentada. Artigo apresentado na Black Hat Conference, Las Vegas, NV, 2011.

2. Andrejevic M. e Gates K. Grande vigilância de dados: Introdução. Vigilância e Sociedade, 2014: 12,185-196.

3. Androulaki E., Barger A., Bortnikov V. Hyperledger Fabric: Um Sistema Operacional Distribuído para Cadeias de Bloqueio Autorizadas. Anais da Décima Terceira Conferência EuroSys, NY: ACM, 2018: 30 (15) 1-30.

4. Banerjee, S. Aadhaar: Inclusão Digital e Serviços Públicos na Índia. Relatório de Desenvolvimento Mundial, 2016.

5. Barcelo J. User Privacy in the Public Bitcoin Blockchain, Journal of Latex Class Files, Vol. 6, No. 1, 2007/Published 2014.

6. Baruh L. e Popescu M. Big Data Analytics and the Limits of Privacy Self-Management. News Media e Sociedade, 2017: 19, 579-596.

7. Billah S. One Weird Trick to Stop Selfish Miners: Fresh Bitcoins, A Solution for the Honest Miner, 2015.

8. Biryukov A., Khovratovich D. e Pustogarov I. Deanonymisation of Clients in Bitcoin P2P Network. Anais da Conferência ACM SIGSAC 2014 sobre Segurança de Computadores e Comunicações, NY, EUA, 2014: 15-29.

9. Bruce J.D. The Mini-blockchain Scheme, 2014 (Revisado em 2017).

10. Buterin V. Uma Plataforma de Aplicação Descentralizada e Contrato Inteligente de Próxima Geração. Livro Branco, 2015.

11. Chandrasekhar R. A Shaky Aadhaar. The Indian Express, 2015. https://indianexpress.com/ article/opinion/columns/a-shaky-aadhaar/

12. Chaudhary P.P. UIDAI sinaliza serviços Aadhaar não autorizados por sites, aplicações, 2017.

13. Chepurnoy A., Larangeira M. e Ojiganov A. A Prunable Blockchain Consensus Protocol Based on Non-Interactive Proofs of Past States Retrievability, 2016.

14. CIS Índia. O caso Aadhaar. Centro para Internet e Sociedade, 2014.

15. Consentimentos. Blockchain for Digital Identity - Casos de uso do mundo real. 2020: 01-14.

16. Crosby M. Pattanayak P. e Verma S. Blockchain Technology: Para além de Bitcoin. Applied Innovations, 2016: (2) 6-19.

17. CSIR. Rastreador de Informação Genérico. Conclave de Jovens Cientistas. Festival Internacional de Ciências da Índia, Laboratório Físico Nacional, Nova Deli, 2016.

18. Dainik Bhaskar. Rastreador de Informação Genérico, 2016.

19. Dainik Jagran. Rishabh's Idea of Multipurpose Identity, 2017.

20. Dass R. & Bajaj R.K. Criação de um ID Nacional Único: Desafios & Oportunidades para a Índia, 2008.

21. Decker C., Seidel J. e Wattenhofer R. Bitcoin encontra uma forte consistência. Anais da 17ª Conferência Internacional sobre Computação Distribuída e Redes de Cingapura, 2016: 13.

22. Dixon P. A Failure to do No Harm - Programa de Identificação Biométrica Aadhaar da Índia e sua incapacidade de proteger a privacidade em relação às medidas na Europa e na Tecnologia de Saúde dos EUA, 2017: 7, 539-567.

23. e-Estonia. https://e-estonia.com/solutions/e-identity/id-card/

24. Elueze I. e Quan-Haase, A. Atitudes e Preocupações de Privacidade na Vida Digital de Adultos Mais Antigos: Atitudes e Preocupações de Privacidade da Westin Revisitadas. American Behavioral Scientist, 2018.

25. PIBR da UE - Regulamento (Eu) 2016 / 679 do Parlamento Europeu e do Conselho, 2016.

26. Eyal I. e Sirer E.G. A maioria não é suficiente: Bitcoin Mining é Vulnerável. Proceedings of International Conference on Financial Cryptography and Data Security, Berlim, 2014: 436-454.

27. Eyal I., Gencer A.E., Sirer E.G. e Van Renesse R. Bitcoining: Um Protocolo de Cadeia de Bloqueio Escalonável. Anais do 13º USENIX Symposium on Networked Systems Design and Implementation (NSDI-16), Santa Clara, CA, 2016: 45-59.

28. Primeiro posto. Quebra de Segurança de Aadhaar: Aqui estão os maiores incidentes

incómodos que aconteceram com Aadhaar e o que foi realmente afectado, 2020.

29. Garg, R. Aplicações Descentralizadas para Redes Globais (no prelo) 2021: 01-100.

30. Garg, R. Global Identity through Blockchain. Webinar Internacional sobre Blockchain. Scholars Park, IN 2021.

31. Garg, R. Blockchain Baseado em Aplicações Descentralizadas para Múltiplos Domínios Administrativos de Rede. Projeto de Projeto de Engenharia, BITS - Pilani, KK Birla Goa Campus, Índia, 2021: 01-69.

32. Garg, R. Mecanismo de Transação Descentralizada baseado em Contratos Inteligentes (no prelo) 2021.

33. Garg, R. Interplanetary File System for Document Storage and e-Verification (no prelo) 2021.

34. Garg, R. Ethereum based Smart Contracts for Trade & Finance (no prelo) 2021.

35. Garg, R. Digital Identity and Access Management through Distributed Ledger Technology. Self-Paced Research Project, 2021.

36. Garg, R. Multipurpose ID: One Nation - One Identity, Indian Society for Technical Education (ISTE) Annual Convention - National Conference on Recent Advances in Energy, Science & Technology, 2019 (39).

37. Garg, R. Multipurpose ID: A Digital Identity to 1.34 Billion Indians. Ideate for India - Soluções Criativas usando Tecnologia. National e-Governance Division, Ministry of Electronics & Information Technology, Governo da Índia, 2018.

38. Garg, R. Digital ID com Sistema de Vigilância Eletrônica. Inovação registrada na Fundação Nacional de Inovação, Órgão Autônomo do Departamento de Ciência e Tecnologia, Governo da Índia, 2018.

39. Garg, R. Hi-Tech ID com Sistema de Rastreamento Digital, Conferência Nacional sobre Aplicação de TIC para Ambiente Construído, 2017.

40. Garg, R. R. Rastreador de Informação Genérica. 2º Festival Internacional de Ciência da Índia, Nova Deli, 2016.

41. Gemalto, 2020 https://www.thalesgroup.com/en/markets/digital-identity-and-security/press -release/data-breaches-compromised-4-5-billion-records-in-first-half-of-2020

42. Hoofnagle C. e Urban J. Alan Westin's Privacy Homoeconomicus. Wake Forest Law Review, 2014: 49,261-309.

43. i-Government Bureau, Índia Planeia Cartões de Identificação Nacional Multifuncionais para Cidadãos, 2009.

44. Pacto Internacional sobre os Direitos Civis e Políticos, 1966. Nações Unidas - Série de Tratados, 1976: 999, 1-14668.

45. Kant C., Nath R. e Chaudhary S. Challenges in Biometrics. International Conference on Emerging Trends in Computer Science & IT, 2008.

46. Kelkar G., Nathan D., Revathi E. e Sain-Gupta S. Aadhaar: Gender, Identity and Development, Academic Foundation, 2015.

47. Rei S. e Nadal S. PPCoin: Cryptocurrency Peer-to-Peer com Proof- of-Stake, 2012:19.

48. Kosba A., Miller A., Shi E., Wen Z. e Papamanthou C. Hawk: O Modelo Blockchain de Criptografia e Contratos Inteligentes de Preservação Privada. Anais do IEEE Symposium on Security and Privacy (SP), San Jose, CA, 2016: 839-858.

49. Kraft D. Difficulty Control for Blockchain Based Consensus Systems: Redes e Aplicações Peer-to-Peer, 2016: 9(2) 397-413.

50. Kwon J. Tendermint: Consenso sem Mineração, 2014

51. Li S.Z. e Jain A.K. Handbook of Face Recognition. Springer, 2011.

52. Fundação Linux. Hiperledger: Avançando a adoção da cadeia de bloqueio de negócios através da colaboração global de código aberto, 2015.

53. Mahmoud Q. H., Lescisin M. e Taei M.A. Desafios e oportunidades de pesquisa em cadeia de bloqueios e moedas criptográficas. John Wiley & Sons, Ltd. Cartas de Tecnologia de Internet. 2019: 2 (93) 01-06.

54. Mainelli M. e Smith M. Sharing Ledgers for Sharing Economies: Uma Exploração de Ledgers Mútuos Distribuídos (Aka Blockchain Technology). Journal of Financial Perspect, 2015: 3(3) 38.

55. Majumdar S. Unique Identification Initiative: Um Estudo de Avaliação do Maior Projecto Aadhaar do Mundo na Índia. International Journal of Research in Management, Economic sand Commerce. 2019: 08 (3) 45-50.

56. Mazieres D. O Protocolo de Consenso Estelar: Um Modelo Federado de Consenso em

Nível de Internet. Stellar Development Foundation, 2015.

57. Meiklejohn S., Pomarole M., Jordan G., Levchenko K., McCoy D., Voelker G.M. e Savage S. A Fistful of Bitcoins: Caracterização de pagamentos entre homens sem nome. Anais da Conferência de Medição da Internet de 2013, NY, 2013.

58. Miers I., Garman C., Green M. e Rubin A. D. Zerocoin: Anonymous Distributed e-Cash from Bitcoin. Proceedings of IEEE Symposium Security and Privacy, Berkeley, CA, 2013: 397-411.

59. Miguel C. e Barbara L. Practical Byzantine Fault Tolerance. Anais do 3º Pósio Sym sobre Projeto e Implementação de Sistemas Operacionais, Nova Orleans, 1999: (99)173-186.

60. Nakamoto, S. Bitcoin: A Peer-to-Peer Electronic Cash System, 2008. https://bitcoin.org/ bitcoin.pdf

61. Nayak S., Kumar K., Miller, A. e Shi E. Stubborn Mining: Generalizando a Mineração Egoísta e Combinando com um Ataque de Eclipse. Anais do IEEE European Symposium on Security and Privacy (Euro SP) 2016, Saarbrucken, Alemanha, 2016: 305-320.

62. NIAI. A National Identification Authority of India Bill, 2010. Projeto de Lei nº LXXV de 2010.

63. NIF. Identidade Digital com Sistema de Vigilância Eletrônica. Fundação Nacional de Inovação, Departamento de Ciência e Tecnologia, Governo da Índia, 2018.

64. Nilekani, N. Imaginando a Índia: A Ideia de uma Nação Renovada. Penguin Press, 2009.

65. Nilekani, N. Porque é que a decisão do Supremo Tribunal sobre Aadhaar pede um recurso. The Indian Express, 2015.

66. NRI. Pesquisa sobre Tecnologias de Blockchain e Serviços Relacionados. Tecnologia. Relatório, 2016.

67. Ohms P. 2010. Promessas de Privacidade Quebradas: Respondendo ao Surpreendente Fracasso da Anonimização. 57 UCLA Law Review, 2010: 1701.

68. Governo de Acesso Aberto. Identidade baseada em cadeias de bloqueios: Uma ferramenta eficaz para apoiar a inovação global, 2020. http://workspace.unpan.org/sites/Internet/Documents/UNPAN98159.pdf

69. Patnaik A. & Gupta D. Sistema Único de Identificação. International Journal of Computer Applications, 2010: 7(5) 46-48.

70. Pieroni A., Scarpato N., Di Nunzio L., Fallucchi F., Raso M. Smarter City: Smart Energy Grid baseada na tecnologia Blockchain. International Journal for Advances in Science, Engineering & Information Technology, 2018: 8(1) 298-306.

71. Prasad R.S. Ministro de TI introduz Projeto de Emenda Aadhaar no Parlamento; Aadhaar não viola a privacidade, é de interesse nacional. 2019.

72. Programa Rodrigues J. India ID ganha elogios do Banco Mundial apesar do Big Brother Fears, 2017.

73. Roy C. e Kalra H. The Information Technology Rules, 2011. PRS Legislative Research, Center for Policy Research.

74. Sasson E.B., Chiesa A., Garman C., Green M., Miers I., Tromer E. e Virza M. Zerocash: Pagamentos Anónimos Descentralizados de Bitcoin. Anais do 2014 IEEE Symposium on Security and Privacy (SP), San Jose, CA, 2014: 459-474.

75. Sawicki D.S. e Craig W.J. A Democratização dos Dados: A ponte para os grupos comunitários. Journal of the American Planning Association, 1996: 62, 512-523.

76. Segurança Scalar. The Cyber Resilience of Canadian Organization, Results of the 2019 Scalar Security Study, 2019.

77. Schwartz D., Youngs N. e Britto A. O Algoritmo do Consenso do Protocolo de Ondulação. Ripple Labs Inc. White Paper, 2014: 5.

78. Sen J. Law & Policy Brief, 2015: 1(4) 01-04.

79. Shahin S. e Zheng P. Big Data and the Illusion of Choice: Comparando a Evolução do Aadhaar da Índia e do Sistema de Crédito Social da China como Discursos Técnico-Sociais. Social Science Computer Review, 2018: 1-17.

80. Sharma N. e Kumar S. Unique Identification System: Desafios e Oportunidades para a Índia. 7º Internat. Conf. em Advanced Computing and Communication Technologies, 2013.

81. Sompolinsky Y. e Zohar A. Acelerando o Processamento de Transações de Bitcoins. O dinheiro rápido cresce nas árvores, não nas correntes. IACR Cryptology e-Print Archive, 2013: 881.

82. Srinivasan J., Bailur S., Schoemaker E. e Seshagiri, S. Privacy at the Margin. A Pobreza da Privacidade: Entendendo os Trade-offs de Privacidade de Usuários de Infraestrutura de Identidade na Índia. International Journal of Communication, 2018: 12, 1228-1247.

83. Swan M. Blockchain: Projecto para uma Nova Economia. O'Reilly Media, 2015: 152.

84. Times of India. Menino DPS brilha no Festival Internacional de Ciências da Índia, 2016.

85. UIDAI (Rascunho - 2009). Autoridade de Identificação Única da Índia. No.45/DG-UIDAI/2009

86. UIDAI (Site Oficial). https://uidai.gov.in/about-uidai/about-uidai.html, 2020.

87. Reino Unido - Data Protection Act. 1998: 1-86.

88. Carta da ONU. Carta das Nações Unidas e Estatuto do Tribunal Internacional de Justiça. São Francisco, 1945: 1-55.

89. Assembleia Geral da ONU. A Declaração Universal dos Direitos Humanos, 1948.

90. US - Computer Matching and Privacy Act, 1988: 81 FR 8053-8054.

91. US - Privacy Act, 1974. Lei Pública 93-579.

92. Vasin P. Blackcoins Proof-of-Stake Protocol, 2014.

93. Vukolic M. The Quest for Scalable Blockchain Fabric: Prova de Trabalho Vs BFT Replicação. International Workshop on Open Problems in Network Security, Zurique, 2015: 112-125.

94. Wang H., Zheng Z., Xie S., Dai H. & Chen, X. (2018). Blockchain challenges and opportunities: a survey. International Journal of Web and Grid Services. 2018:14. 352 - 375.

95. Ward J.S. e Barker A. Indefinidos pelo Data: A Survey of Big Data Definitions, 2013.

96. Casa Branca. Privacidade de Dados do Consumidor em um Mundo em Rede: A Framework for Protecting Privacy and Promoting Innovation in the Global Digital Economy, 2012.

97. Madeira G. Ethereum: Um Ledger de Transacções Generalizadas Descentralizadas Seguro. Ethereum Project Yellow Paper, 2014.

98. Zamfir V. Apresentando Casper, o Fantasma Amigável. Blog Ethereum, 2015.

99. Zheng Z., Xie S., Dai H., Chen X., e Wang H. Uma visão geral da tecnologia Blockchain: Arquitectura, Consenso, e Tendências Futuras. IEEE 6th International Congress on Big Data, 2017: 01-08.

Printed by Books on Demand GmbH, Norderstedt / Germany